长江流域生态流量保障关键技术

李志军　闫峰陵　杨梦斐　成　波　等　著

U0252489

科学出版社

北京

内 容 简 介

生态流量保障是提升流域生态保护治理能力的重要举措，科学的生态流量监督管理是提升生态流量保障率的重要抓手。本书通过全面调查长江流域重要河湖和水工程生态流量保障及监督管理现状，基于长期工作实践中积累的生态流量研究相关成果，结合流域机构、各级地方人民政府、水行政主管部门、生态环境主管部门对生态流量的多目标协同管理需求，提出长江流域河湖生态流量及水工程下泄流量计算关键技术，综合应用遥感观测、站点监测、视频监控等多源感知技术，研发集成"低碳监控、远程传输、稳定存储、智能预警"功能的智慧生态流量远程在线监管平台，可以为读者提供科学、可实践的生态流量保障思路及技术。

本书可供水利水电工程、水文水资源、生态环境等相关专业的研究、技术人员及行业主管部门的工作人员参考阅读。

图书在版编目（CIP）数据

长江流域生态流量保障关键技术/李志军等著. —北京：科学出版社，2024.3
ISBN 978-7-03-077968-7

Ⅰ.① 长…　Ⅱ.① 李…　Ⅲ.① 长江流域-生态系-流量　Ⅳ.① TV213.4

中国国家版本馆 CIP 数据核字（2024）第 018216 号

责任编辑：何　念　王　玉/责任校对：高　嵘
责任印制：彭　超/封面设计：无极书装

科 学 出 版 社 出版
北京东黄城根北街 16 号
邮政编码：100717
http://www.sciencep.com

武汉中科兴业印务有限公司印刷
科学出版社发行　各地新华书店经销
*

开本：787×1092　1/16
2024 年 3 月第 一 版　印张：11
2024 年 3 月第一次印刷　字数：260 000
定价：98.00 元
（如有印装质量问题，我社负责调换）

　　长江流域地跨我国 19 个省级行政区，河湖水系众多，地貌类型复杂，生态系统类型多样，生物物种丰富。随着长江流域经济社会的快速发展，流域水资源开发利用活动和干支流梯级水库调控作用带来的影响日益显现，局部河段的生态流量难以满足，部分水利水电工程下游存在明显的减水现象，流域生活、生产和生态用水安全面临挑战，对长江流域生态保护和绿色发展产生不利影响。河湖生态流量是维系流域生态系统功能、控制水资源开发利用强度、优化水利工程调度运行方式的重要基础。科学确定并保障合理的河湖生态流量是践行生态文明理念、共抓长江大保护的重要内容。

　　近年来，长江流域管理机构和地方各级水行政主管部门均不断加强河湖生态流量保障工作。在编制规划、核定重点河湖生态流量保障目标、制订水量分配方案、强化水工程管理、推进梯级生态调度、规范取水审批、严格生态调度监控、加强生态流量管理制度与体系建设等方面，开展了大量实践，生态流量保障能力逐步提升，河湖生态修复成果突出。但也应该看到，生态流量保障方面仍然存在管理制度不健全、管控目标不协调、协调机制不完善、水工程生态流量下泄设施不到位、调度运行不合理、监控能力不足、技术方法可操作性不强等问题。

　　针对长江流域生态流量保障存在的问题，开展长江流域生态流量管理模式、重要河湖及典型区域生态流量保障现状、典型支流生态流量管控情况、水工程生态流量保障措施的全面调查，梳理生态流量保障中存在的问题，总结水工程环境影响评价、流域梯级开发回顾性评价中河湖生态流量保障的有关经验，凝练河湖重要控制断面生态流量核定、水利水电工程下泄生态流量计算等工作中的要点，综合应用多项技术研发生态流量远程监控平台，对于保障长江流域河湖生态流量具有重要意义。

　　本书作者长期致力于长江流域水资源保护及水利水电工程环境保护工作，基于近年来在流域水资源保护规划编制、生态流量专题调查调研、水利水电工程环境影响评价、流域梯级开发环境影响回顾性评价、环境保护设计等多项工作中的研究成果和实践案例，全面梳理了长江流域生态流量保障现状，提出了生态流量计算关键技术和生态流量远程监控关键技术，以期为相关领域的研究人员和工程技术人员提供参考与借鉴。

本书由长江水资源保护科学研究所组织撰写，由李志军、闫峰陵、杨梦斐、成波、朱秀迪、景朝霞、徐椿森、王俊洲、陈晓娟、蔡金洲、潘婷婷、龙健、陈永忠、朱联旺共同完成。

特别感谢水利部长江水利委员会水资源管理局、水利部长江水利委员会水资源节约与保护局、水利部长江水利委员会规划计划局、甘肃省水利厅、恩施土家族苗族自治州水利和湖泊局、云南省水利水电勘测设计研究院、原四川省水利水电勘测设计研究院规划设计分院等单位提供的支持与帮助。

作　者

2023 年 7 月于武汉

目 录
CONTENTS

第1章

绪　　论

1.1　生态流量理论基础

1.1.1　生态流量的概念及发展

生态流量（ecological flows），最早由美国渔业协会提出，之后这一概念得到传播和推广（何川，2021）。20 世纪 40 年代人们开始对生态流量进行集中研究，50 年代出现了流量、流速、水位与水生生物关系的研究，70 年代得到快速发展，河流生态流量有了相关评价和计算方法。80 年代后，生态流量进一步受到关注，这一概念出现在了不同学科领域和行业中。由于不同学者及管理部门在不同时期的关注点不同，所以从生态流量演化出了一些与其内涵近似的专业词汇。按照时段总水量或瞬时流量可将其分为两类（王中根 等，2020）：前者用环境、生态所需要的总水量表示，如"生态需水量""生态用水量""环境需水量""敏感生态需水"等；后者更多地考虑了水生生物的生态需求，用瞬时流量表示，如（水生）生态基流、（基本/河湖/目标/敏感期）生态流量等都属于此类。

20 世纪 90 年代至今，许多学者都对"生态需水"进行了定义。Gleick 和 White（1993）提出生态需水就是保证恢复和维持生态系统健康发展所需的水量。Gleick（1998）提出基本生态需水量是为保证天然生态系统的物种多样性和生态完整性，需要提供给天然生境的一定质量和数量的水。李丽娟和郑红星（2000）认为，需要综合考虑河流系统生态环境需水量的一般特性，狭义地讲，生态环境需水量是指为维持地表水体特定的生态环境功能，天然水体必须蓄存和消耗的最小水量。许新宜和杨志峰（2003）提出生态需水是指维持生态系统中具有生命的生物物体水分平衡所需要的水量。苏飞（2005）提出生态需水即维持不同水体生态系统状态下对应的需水特征值。王传武（2011）提出生态需水量是指维持特定时空范围内生态健康发展、实现特定生态目标所需的水量。全元等（2016）提出生态需水量是衡量与水资源相关的自然、人工或复合生态系统达到其预定的生态保护目标的度量工具。生态需水量是生态系统的内在属性变量，由生态系统的健康程度决定。钟旭珍等（2020）提出生态需水量是指维持某一环境功能或环境目标所需要的水资源量。周翠宁和孙颖娜（2023）提出河流生态需水量是为维持河道内生态系统生物群落和栖息环境动态稳定，维持河道的主要或基本生态环境功能不受破坏，天然河道必须保持和消耗的最小用水量，即必须维持的最小水量（流量、水位、水深）及其过程。

生态流量内涵的丰富性导致其概念并不固定，一直处于发展、修正和完善之中。在国外，2000 年欧盟颁布的 *Water Framework Directive*（《水框架指令》）公布了生态流量的定义，即维持水生生态系统健康且提供人们依赖的服务所需要的水量（李原园 等，2019）。2007 年，"布里斯班宣言"给出了环境流量的定义：维持淡水、河口生态系统及依赖于这些生态系统的人类宜居环境所需的水流数量、过程和质量（李原园 等，2019）。2010 年，大自然保护协会（The Nature Conservancy，TNC）将生态流量定义为维持水生生态系统的组分、功能、过程和弹性，以及满足人类物质和服务需求下所需确定的径流水量和时间尺度。确定生态流量也就是确定人类在不伤害水生生态系统的前提下，可以安全地改变和转移的时空水量（何川，2021）。在国内，有关生态流量的研究起源于 20 世纪 70 年代末的河流最小流量。之后，其他学者相继提出不同的概念。例如，陈敏建等（2007）提出适宜生态流量是指水生生态系统的生物完整性随水量减少而发生演变，将生态系统衰退临界状态的水分条件定义为维持水体生物完整性的需水。当流量持续低于适宜生态流量时，将导致生物繁殖条件的破坏，生物量减少，进而使生物完整性降低。董哲仁等（2020）提出生态流量是为了部分恢复自然水文情势的特征，以维持河湖生态系统某种程度的健康状态并能为人类提供赖以生存的水生态服务所需要的流量和流量过程。此外，其他学者也提出了一些概念，可为定义生态流量提供参考。刘晓燕等（2008）提出了河流环境流的概念，其指在维持河流自然功能和社会功能均衡发挥的前提下，能够将河流的河床、水质和生态维持在良好状态所需的河川径流条件，包括环境流量、环境水量、环境水位和环境水温等，用水矛盾突出且人类有可能对河川径流进行调控的河段，是环境流研究重点关注的河段。朱党生等（2010）提出生态基流是指维持河流基本形态和基本生态功能的河道内最小流量。王俊娜等（2013）提出环境水流是指维持河流生态系统处于健康状态的河道内水文过程与人类在不危及河流健康价值的前提下所需水文过程的综合。陈昂等（2016）提出生态基流是维持河道不断流，避免水生生物群落遭受无法恢复的破坏的河道内最小流量。

在行业管理部门中，水利部门、能源部门、生态环境部门都对生态流量给出了相关的定义。在水利部门，《江河流域规划环境影响评价规范》（SL 45—2006）规定河道内生态需水量主要包括河道生态基流、河流水生生物需水量和保持河道水流泥沙冲淤平衡所需输沙水量等。《河湖生态需水评估导则（试行）》（SL/Z 479—2010）将生态需水定义为将生态系统结构、功能和生态过程维持在一定水平所需要的水量，指一定生态保护目标对应的水生生态系统对水量的需求。2010 年水利部水利水电规划设计总院印发的《水工程规划设计生态指标体系与应用指导意见》和《水资源保护规划编制规程》（SL 613—2013）先后都将敏感生态需水定义为维持河湖生态敏感区正常生态功能的需水量及过程。《水工程规划设计生态指标体系与应用指导意见》将生态基流定义为维持河流基本形态和基本生态功能的河道内最小流量。《水资源保护规划编制规程》（SL 613—2013）和《河湖生态保护与修复规划导则》（SL 709—2015）都将生态基流定义为维持河流基本形态和生态功能、防止河道断流、避免河流水生生态系统功能遭受无法恢复的破坏的河道内最小流量。之后，《河湖生态需水评估导则（试行）》（SL/Z 479—2010）将生态流量定义为生态需水中的某个流量，具有某种生态作用。在《水电工程生态流量计算规范》（NB/T 35091—2016）中，生态流量被定义为满足水电工程下游河段保护目标生态需水基本要求的流量和过程，水生生态基流被定义为维持水电工程下游河段水生生物栖息地基本质量的最小流量。在《环境影响评价技术导则　地表水环境》（HJ 2.3—2018）中，生态流量被定义为满足河流、湖库生态保护要求，维持生态系统结构和功能所需要的流量（水位）与过程。《水利部关于做好河湖生态流量确定和保障工作的指导意见》（水资管〔2020〕67 号）中，将河湖生态流量定义为维系河流、湖泊等水生生态系统的结构和功能，需要保留在河湖内的符合水质要求的流量（水量、水位）及其过程。《河湖生态环境需水计算规范》（SL/T 712—2021）将生态基流定义为维持河流、湖泊、沼泽等水生生态系统功能不丧失，需要保留的底线流量（水量、水位、水深），是基本生态流量过程中的最低值。基本生态流量包括生态基流、敏感期生态流量、年内不同时段流量（水量、水位、水深）、全年流量（水量、水位、水深）及其过程等表征指标。敏感期生态流量被定义为有敏感保护对象的河湖在敏感期需要的生态流量，是为维系河湖生态系统中某些组分或功能在特定时段对水流过程的需求。目标生态流量被定义为维护河流、湖泊、沼泽良好生态状况或维持给定生态保护目标，需要保留的水流过程。

国内外不同学者、管理部门对生态流量的研究对象、研究尺度、研究目的等不同，造成了其内涵的多样性、概念的不一致。但是，大家对于为保护好生态环境、维持良好的生态系统、发挥生态系统的服务功能，应该做好生态流量的研究工作是有共识的。

1.1.2　生态流量有关理论的发展

生态流量有关理论起源于国外。20 世纪 40 年代，已有学者提出了河流生态流量的概念。20 世纪 60 年代起，已有研究者利用系统理论对一些河流重新进行了评估，并提出采用河道内流量法确定河流基本流量。20 世纪 80 年代初期，美国全面调整流域开发和管理目标，在河道内流量求解方面有了较为完善的方法，形成了生态需水分配研究的雏形（王占兴，2005）。有关河流生态需水的研究主要集中在河道流量和水生生物、生境和水环境之间的关系。水库调度考虑生态环境、生态环境需水量的优化分配、生态环境需水与经济用水的关系、河流最小流量及其确定方法等方面（张丽 等，2008）。计算方法主要有传统的标准流量设定法、基于水力学的水力学法和基于生物学的栖息地法等（汤洁 等，2005）。2000 年以后，生态流量研究重点关注生态的可持续性，不仅仅是关注其某一项功能，而是多种服务功能协同发展，如 2007 年的"布里斯班宣言"定义环境流量不仅仅是维持淡水、河口生态系统所需要的水流数量、过程和质量，也是依赖于这些生态系统的人类所需要的水流数量、过程和质量。

在国内，20 世纪 70 年代末开始探讨河流最小流量问题，主要集中在河流最小流量确定方法的研究。20 世纪八九十年代，国内学者提出在水资源规划和配置时，应该考虑生态及环境用水。之后，国内研究者投身这一领域并提出一些理论，如刘昌明（1999）提出生态水利的"四大平衡原理"，即水热平衡、水盐平衡、水沙平衡、水量平衡。同时，国内生态需水研究也从河流地貌学、水文和水资源、水环境的角度，结合河流功能，分生态水、资源水和灾害水三个方面开展。90 年代后期，有关研究考虑了河流生态系统的完整性及可接受的流量范围，也从河流延伸到了植被、湿地、湖泊、城市等其他类型的需水。植被生态需水是满足植被正常健康生长并能够抑制土地生态系统恶化，如土地沙化、荒漠化及水土流失所需要的水资源量（张丽 等，2008）。这一类型的研究集中在干旱半干旱区，通过生态系统模拟和耗水量法（王根绪和程国栋，2002）、直接计算法（何永涛 等，2005）、间接计算法（左其亭，2002）、定额法及地理信息系统（geographic information system，GIS）技术等计算方法（王根绪 等，2005；杨志峰 等，2005），确定干旱区绿洲景观及干旱区地带性植被等的生态需水量。湿地生态需水量是湿地所需要消耗水量的多年平均值。关于湿地生态需水量的计算，应用较多的是水量平衡法。湖泊生态需水量是指为保证特定发展阶段的湖泊生态系统与功能并保护生物多样性所需要的一定质量的水量（杨志峰 等，2002），研究方法主要有水量平衡法、换水周期法、最小水位法及功能法等（张丽 等，2008）。城市生态环境需水量主要是指城市生态系统正常发挥物质循环、能量流动和信息互换功能所需要的水量（杨志峰 等，2002）。2000 年至今，随着《水电水利建设项目河道生态用水、低温水和过鱼设施环境影响评价技术指南（试行）》的实行，在评价指标体系、计算方法等方面开展的大量研究，以及国家、地方有关制度、技术标准的出台，我国河流生态流量保障得到进一步落实。

随着人们对生态流量认识的加深，从一开始考虑"量"到后续也注重"质"，生态流量主要有了以下特性。①动态性：生态流量的内涵与一定的历史发展阶段有关。生态系统随着时间的推移而进化、演替。从长时间来看有生态系统的进化，从中时间来看有生态系统的演替，从短时间来看有年度、季度和昼夜变化，其环境也随着时间的推移而发生变化（姜跃良，2004）。生态系统对生态流量的时间性要求是不同的。同时，它还随着季节、生态系统类型等的不同而发生变化。②可控制性：人类可通过水环境治理、水利工程等工程措施及对水资源优化分配的非工程措施对其进行调控（王珊琳 等，2004），以达到修复水生生态的目的。③空间特性：不同地理分布区域如干旱区和湿润区、陆地和水域、同一流域的上中下游及入海口的不同地段等，对维持生态系统平衡的水量及分布的需求有明显差异（姜跃良，2004）。生态流量需要保证在该区域空间上分布合理以满足不同生物的需求。④保质保量特性：量需要根据不同的生态目标确定，如冲沙水量、特殊目标水量（如鱼类繁殖）和水位等几个方面；质的保证是指合适的水质，包括溶解氧、氨氮、浑浊度、盐度等，无论水生生物在生活史的哪一阶段，良好的水质是其生存、繁衍的基础。⑤极限性：由于生态系统本身具有一定的自我调节和自我缓冲性，因此其具有一定的生态阈值。当外界干扰超过其阈值，突破其极限时，生态系统会变得脆弱，结构组成将发生改变，生态功能退化甚至消失。⑥社会性：人类对河流的利用、改造，以及河流为人类提供的生态服务决定了生态流量的社会性。⑦过程性：生态流量泄放并不是机械性的、固定的，需要考虑一定时期内流量泄放的变动过程（如频率、时机、持续时间、变化率等），注重有关生物的生态需求。

生态流量理论发展至今，从一开始考虑航运功能，到排水纳污，植被、鱼类等物种的生存，再到生态系统完整性，其理论内涵不断丰富，针对不同研究对象也发展出了不同的计算方法。但是目前生态流量实践及其效果评估仍然较少，未来还需要开展更多的实践和研究来解决这些问题，为科学、有效恢复和保护生态环境提供依据。

1.2　国内外生态流量监督管理发展历程及存在的问题

1.2.1　国外生态流量监督管理发展历程

国外生态流量监督管理研究开始于 20 世纪中期，经历了出现和综合期、整合和扩张期及全球化时期三个阶段，尤以美国、澳大利亚、英国、南非发展较为成熟。

1. 出现和综合期

20 世纪 40 年代，已有学者提出了河流生态流量的概念，并明确规定需要保持河流的最小生态流量，这是国际上较早开展生态流量管理的实践活动。20 世纪 50~80 年代，Statzner 等（1988）对生物与流量的响应关系开展了研究，美国、澳大利亚、南非等国也相继开展了河流生态流量的定量与基于过程的研究，并建立起流量与重要保护目标之间的关系，开始定量地确定最小生态流量，并将生态用水纳入水资源配置体系。1963 年，英国在 Water Resources Act（《水资源法》）中提出了"可接受最低流量"的概念，并在之后明确了该流量的确定程序，开始将最低流量纳入管理体系 （胡德胜，2010a）。20 世纪 70 年代以后，美国不少地方将生态用水列入地方法案，明确规定了河流、各类湿地、河口三角洲等生态环境用水量的限定值，赋予了河道内流量管理权；美国的 Clean Water Act（《清洁水法》）和 Endangered Species Act（《濒危物种法》）也分别授权增加了水库水质保护职责和最小环境流量的泄放要求，将生态流量管理上升到法律高度（森特纳和朱庆云，2011；李铮，2003）。Statzner 等（1988）指出生态流量的管理决策应考虑生物群落的最小流量需求。澳大利亚和南非进一步完善了本国的水资源配置系统。澳大利亚提出了包括水权、水交易、生态环境用水的综合水资源配置系统，并呼吁为淡水生生态系统分配水量（丁民，2003）；南非在 1998 年发布的 National Water Act（《国家水法》）中对生态用水的确定程序、规则和方法做出了规定，为生态水权提供了法律依据。在这一时期，生态流量管理目标也开始由个别物种发展为多种生态目标，并提出了近自然流量管理的概念。生态流量的管理研究阶段开始由最小向近自然状态转变（陈昂 等，2017）。

2. 整合和扩张期

20 世纪 90 年代，人们开始关注如何以生态可持续的理念、方式来管理河流。在这一时期，提出了河流生态需水的概念，确定了最小流量、最适宜流量两种流量目标，并提出了生态系统是用水的合法"利益相关者"的观点。1992 年美国的 *Central Valley Project Improvement Act*（《中央河谷工程改进法》）规定需把一定量的水分配给鱼和野生动物（孙颖和黄文杰，2005），1994 年澳大利亚的水改革框架中明确了自然环境是合法的用水户，并制定了水权制度来保障、管理河流健康，都从法律层面上保障了生态保护目标的用水权益（和夏冰和殷培红，2017；尉永平，2003；麦克·史密斯，2000）。南非则在 1994 年提出了国家水政策白皮书，在 1997 年提出了 *Water Services Act*（《水服务法》），将水资源配置划分为"法定水权"和"配置用水权"两种类型，保证未来水资源的可持续利用，确保河流生态功能的生态需水量，这不仅保障了河流的生态水权，也体现了生态流量管理的可持续理念（丁绿芳和孙远，2007；胡德胜和陈晓景，2007）。在这一历史时期，除国家通过法律保障生态用水权益外，越来越多的公众及利益相关者也开始参与到生态流量管理中来。其中，1991 年的英国 Water Resources Act（《水资源法》）提出了利益相关者和公共参与制度，开始注重公众参与水生态环境的保护（胡德胜，2010a）。Schlager（2005）的研究又扩大了公众对环境流及全球淡水生生态系统完整性和生物多样性丧失的科学认知，让人们更加清晰地认识到保障生态流量的重要性，促进了公众和利益相关者参与生态流量的管理。

3. 全球化时期

2007 年，"布里斯班宣言"的发布标志着生态流量的全球化发展，它提出了满足生态系统和人类需求的生态流量概念（阿辛顿 等，2012）。从这之后，澳大利亚完善了水权交易制度，并自 2007 年起，几次从流域、灌区回购水权，用于修复受到破坏的河流和湿地生态环境。2017 年，在澳大利亚布里斯班举办了第二十届国际河流研讨会和环境流量会议，对十年前的宣言和行动议程进行了回顾，并提出了 35 项可操作的建议，如通过立法和监督管理、水管理计划和研究及涉及不同利益相关者的伙伴关系安排，来指导和支持生态流量保障方案的实施（彭文启，2020）。美国各州联邦政府也制定了相应的生态环境用水制度，通过法律法规重点保证野生动植物保护区、栖息地等特定区域的生态用水。由此，生态流量的实践管理研究不仅涵盖了多种生态保护目标，也得到了广大利益相关者的支持。生态流量由保护为主向可持续、由关注最小生态流量向满足生态系统和人类需求多方面发展。

1.2.2 我国生态流量监督管理发展历程

在我国，河湖生态流量的研究始于 20 世纪 70 年代，引入了国外最小生态流量的相关概念和计算方法（徐志侠 等，2005）。20 世纪 80 年代，《关于防治水污染技术政策的规定》提出了重点污染物总量控制制度，要保障改善水质所需的环境用水（国务院环境保护委员会，1987）。该阶段我国对于生态流量的落地实施和管理还处于初步研究阶段。20 世纪 90 年代，汤奇成（1995）论述了生态环境用水的概念，提出从水资源总量中划出一部分作为生态环境用水，将生态用水作为水资源配置的一部分。1999 年，在"九五"国家科技攻关计划的指导下，我国针对西北内陆的生态环境问题首先开展了干旱区、半干旱区生态需水研究，并在《全国水资源综合规划（2010—2030 年）》中给出了西北干旱区的河道内最小生态需水量，确定西北干旱区河道内基本生态环境需水量占其地表径流量的比例为 45%～55%①。之后，针对黄淮海地区地下水亏空、生态环境恶化、河道断流等问题，研究者也开始了黄淮海平原地区河湖、湿地生态需水研究。对于不同地区生态需水的研究，为水资源优化配置中生态用水的配置提供了一定的依据，这也是生态流量管理工作的基础（水艳 等，2015）。在这个阶段，一些省、市也开始提出建设能保证下泄流量的水利工程，并开始进行生态用水调度的研究。随着不同生态需水概念的提出，生态保护目标趋于丰富，生态流量的方案实施、管理、保障工作日益受到重视。近几年，无论是国家还是区域都更加注重生态流量的实践管理研究。

从国家层面来看，2017 年修订的《中华人民共和国水污染防治法》提出"国务院有关部门和县级以上地方人民政府开发、利用和调节、调度水资源时，应当统筹兼顾，维持江河的合理流量和湖泊、水库以及地下水体的合理水位，保障基本生态用水，维护水体的生态功能"②；同时，按照《中华人民共和国水法》《水功能区监督管理办法》《入河排污口监督管理办法》《水利部办公厅关于开展河湖生态水量保障调研工作的通知》等的有关规定，水利部部署开展了长江流域河湖生态流量保障情况的专项调研。从流域方面来看，2015 年《水污染防治行动计划》明确了黄河、淮河生态流量试点工作，对生态流量进行水量分配和调度管理，保障了下游河流的生态与功能③。另外，各级地方人民政府也都在逐步开展生态流量管理实践，如福建、浙江等省份也纷纷出台相应政策，开展生态用水调度及生态泄流试验，保障各地生态系统和人类的用水需求。

1.2.3 我国生态流量监督管理存在的问题

经过近几十年的发展，我国的生态流量保障体系正在逐步健全，发行了一系列与生态流量相关的标准和国家级政策规划，但流域生态流量选取得不合理、监测技术不到位、核算技术普及率低、管理思路不明确等问题仍然存在。

---

① 国务院，2010. 全国水资源综合规划（2010—2030 年）。
② 全国人民代表大会常务委员会，2017. 中华人民共和国水污染防治法。
③ 国务院，2015. 水污染防治行动计划。

1. 生态流量管控目标确定难度大

我国从 20 世纪 70 年代开始提出"生态需水"、"环境流量"和"河流最小流量"等概念，但对生态流量的研究始终处于引入国外概念、计算方法等的初级阶段（徐志侠 等，2004）。但也需要说明的是，即便是在国外，有关生态流量的理论和计算方法也并未统一，这是由于生态流量本身是一个复杂的概念（生态流量可以被用于多个目标，如用于物种多样性或生态廊道建设），对其理论及计算方法的统一存在天然的困难性。同时，由于国内过去对生态的重视程度不够，我国缺乏生态保护目标的长系列资料，难以根据我国人口密度大、气候类型多样等独特背景，分区、分类地建立起生态保护目标和生态流量的关系，这成为生态流量实践和管理的难点（杨志峰和张远，2003）。

2. 生态流量监测及泄放设施不足

生态流量监测及生态保护目标需求监测是生态流量保障的重要基石，直接影响生态流量保障体系的效果，是贯穿"定"与"评"的关键步骤。生态系统对流量变动响应机理的固有复杂性、气候变化的不确定性，导致生态流量是动态变化的，确立生态流量应当是一个迭代的过程，最初的生态流量方案在很大程度上建立在对其他系统认知的专业判断和经验上，只有进行监测预警，才能够及时发现方案漏洞，避免经济和生态损失扩大化，保障生态系统在可控范围内变动（葛金金 等，2020）。然而，受经费投入不足、技术手段落后及监测点位布设不合理等因素的制约，生态流量监测存在点散、面小、监测时间短等问题，生态流量监测体系缺乏协调性、完整性，致使生态流量监测的数据历史连贯性不够、关键断面点位布设不足，监测结果的代表性和准确性不能达到要求。此外，当前生态流量保障程度的考核指标主要为日满足程度，而配套的生态流量泄放设施不完善，泄放设施口径普遍较大，导致其下泄流量与最小生态流量不匹配（成波 等，2022，2020）。

3. 监管制度与管控体系不完善

生态流量保障涉及多部门协调，当前我国制定的主体功能区划、生态功能区划、水资源保护规划、流域综合规划等都涉及了水生态的保护（李晓阳和丰华丽，2018）。然而，生态流量确立、监测、调度管理、监督考核、执法常常归属于不同的部门，加之各级管理部门对生态流量重要性的认识程度有差异，生态流量保障并未形成系统的管理体系。执行过程中权责不明、决策主体不清等问题，会直接影响生态流量保障的执行效率，一旦出现问题，最终可能导致生态系统受损。因此，考虑用水需求、土地利用、水文变异性、生物多样性和水生生态系统服务之间关系的固有复杂性和相对不确定性，生态流量的决策管理体系必须具有适应性、灵活性，基于多保护目标实现跨区域生态流量管理将成为未来的发展趋势（陈昂 等，2017）。

1.3　生态流量管理现行法律法规与技术标准

1.3.1　国外生态流量管理法律法规与技术标准

国外从法律法规方面不断完善生态流量要求，包括美国、加拿大、欧盟等在内的许多国家或组织均颁布了保障河道内生态流量的相关政策、法规或导则。

1. 美国

美国 46 个拥有河流水资源管理权的州中有 11 个州已经制定了法规和条例，用来指导水资源的利用和河流生态环境保护（刘海龙和杨冬冬，2014；潘德勇，2009）。以美国科罗拉多州为例，1973 年州水利局被授权拥有批准河流流量和天然湖泊水位水权的权利，州水利局代表州人民掌握河流的流量权以便能合理地保护自然环境（崔树彬，2001）。美国联邦政府制定了 *Wild and Scenic Rivers Act*（《自然和景观河流法》），将部分河流划定为自然风景类河流，以保护其不被开发或阻止开发与该法案目的不一致的水利工程，一些州也划定出本州的自然和景观河流加以保护（倪深海，2003）。美国佛罗里达州水管理委员会通过流量、持续时间和频率设定了生态流量阈值。美国鱼类和野生动物服务协会于 2000 年和 1980 年分别颁布的 *Habitat Evaluation Procedure*（《栖息地评估程序》）、*Habitat Suitability Index*（《栖息地适宜性指数》），以及美国环境署提出的 *Rapid Bioassessment Protocol*（《快速生物评估草案》）、美国陆军工程师团提出的 *Hydrogeomorphic*（《河流地貌指数方法》）等技术规程，建立了河流水文水动力学参数与生态系统功能评价体系（董哲仁，2005）。

2. 欧洲部分国家

英国在 1963 年 *Water Resources Act*（《水资源法》）、1989 年 *Water Act*（《水法》）、1990 年 *Environmental Protection Act*（《环境保护法》）、1991 年 *Water Resources Act*（《水资源法》）和 2003 年 *Water Act*（《水法》）中也都对生态流量做出了规定，通常用自然状态下的低流量指标 Q95（95%保证率下的最枯流量）确定生态流量，干旱年生态流量用年平均最小流量指标确定（胡德胜，2010a）。

法国通过颁布 *Water Act*（《水法》）来保证水资源的统一管理和水环境保护，明确将河流最小生态流量放在了仅次于饮用水的优先地位（Terrier and Bouffaed，2003）。

保加利亚规定河道内生态流量不应小于 75%保证率的月均流量（胡德胜，2010b；陈海燕和尹美娥，2008）。斯洛文尼亚要求新建工程在设计阶段需预先确定各个河段的生态流量。捷克、斯洛伐克和匈牙利一直在探索如何合理利用多瑙河的水资源（王红艳，2022）。

3. 加拿大

加拿大生态流量相关法律与政策主要有 1970 年的 *Water Act*（《水法》）及 1999 年

的 *Environmental Protection Act*（《环境保护法》）（陈昂，2018）。其各省对生态流量的要求也不同，如大西洋四省规定，将 25%的平均流量作为保护水生生物的最小流量（陈昂 等，2017）。

4. 澳大利亚

澳大利亚也通过颁布一系列的导则用于管理水资源。在 2003 年颁布的 *Water Act*（《水法》）的基础上，2004 年 4 月实施了主题为"Think Water，Act Water"的水资源可持续性管理政策，主要包括提高水的利用效率、减少水质影响、保护休闲和娱乐价值（陈昂，2018）。

5. 亚洲部分国家

日本生态流量设计值为 10 年内最低旬流量（陈昂，2018）。印度和孟加拉国多年来一直就恒河水量的合理分配进行协调。泰国和越南也在不断地围绕湄公河的分水问题进行谈判（倪晋仁 等，2002）。

6. 非洲部分国家

在非洲，由两个国家共有河流或湖泊的流域就有 57 个，因水资源利用协调不善而引发的矛盾屡见不鲜（倪晋仁 等，2002）。1998 年南非颁布了新的 *National Water Act*（《国家水法》）并指出为了保证未来水资源的可持续利用，对于河流要确保其生态功能的河流生态流量，随后南非的学者开始用水文学法或其他方法开展生态流量的计算研究，建筑堆块法（building block methodology，BBM）就是在此过程中产生的（陈昂，2018）。

7. 国际组织

1993 年世界银行发布的水资源政策文件虽然明确了维持地下水可再生性的标准，即水资源开发利用总量绝不能超过地下水补给量，但缺乏有关生态流量的确定原则，也没有可再生水域的水生动植物体系的生态环境标准（白元 等，2015）。1997 年，联合国大会通过了 *Convention on the Law of the Non-Navigational Uses of International Watercourses*（《国际水域非航海使用法条款》）（倪晋仁 等，2002），但同样没有指出河流生态环境需水量的考量方法。维持河流系统水资源可再生性的机理非常复杂，季节变化、区域位置、生物种类、水量分布、泥沙运移、水盐平衡、气候变化、人类活动及价值观念等都影响着对水资源配置的决策。

通过国外保障河道内生态流量的政策法规可以看出，大部分国家是以颁布法律法规的形式来保障生态流量，其次是以导则或制度的形式保障生态流量，在水法、水资源法、环境保护法或渔业法等法律中明确了河道内生态流量的内容，并且在实践过程中不断修正。无论是西方发达国家还是发展中国家，除水法外水资源法成为保障河道内生态流量的重要依据之一。

1.3.2　我国生态流量管理法律法规与技术标准

近年来，受到人类社会经济快速发展的影响，生产、生活和生态用水之间的矛盾日益加剧，河流、湖泊和湿地等生态系统受到不同程度的破坏。供水、水力发电、灌溉、航运及跨流域调水综合开发等对国家经济社会高速发展发挥了重要的作用。然而，目前仍存在以下问题：局部水资源短缺问题突出；资源性缺水、工程性缺水、水质性缺水的问题共存；水环境恶化、水生态损害与水旱灾害等新老问题交织。为确保良好的河湖生态系统，从中央到地方都对生态流量的确定和保障陆续做出了政策部署与法律规定，尤其是习近平总书记高度重视长江流域生态环境的保护工作，强调要把修复长江生态环境摆在压倒性位置，提出共抓大保护、不搞大开发，为生态流量有关制度的进一步完善、落实提供了依据。

在中央政策上，2010 年国务院批复的《全国水资源综合规划（2010—2030 年）》从水资源配置角度，对河湖生态用水保障提出了要求（张瑜洪和张智吾，2011）。2012年，《国务院关于实行最严格水资源管理制度的意见》指出开发利用水资源应维持河流合理流量和湖泊、水库以及地下水的合理水位，充分考虑基本生态用水需求，维护河湖健康生态。研究建立生态用水及河流生态评价指标体系，定期组织开展全国重要河湖健康评估，建立健全水生态补偿机制。这一意见为水资源开发利用设定了基本要求和原则。2014 年，《关于深化落实水电开发生态环境保护措施的通知》要求合理确定生态流量，认真落实生态流量泄放措施。应根据电站坝址下游河道水生生态、水环境、景观等生态用水需求，结合水力学、水文学等方法，按生态流量设计技术规范及有关导则规定，编制生态流量泄放方案。方案中应明确电站最小下泄生态流量和下泄生态流量过程。2015 年，国务院印发《水污染防治行动计划》，提出要科学确定生态流量。在黄河、淮河等流域进行试点，分期分批确定生态流量（水位），作为流域水量调度的重要参考。2016 年，《水利部关于加强水资源用途管制的指导意见》指出，进一步明确水资源的生活、生产和生态用途。明确水资源用途是实行用途管制的前提。为此，要健全用水总量控制指标体系，抓紧开展跨行政区域江河水量分配，将用水总量控制指标细化明确到具体江河、湖泊、水库和地下水源。2017 年水利部的《全国水资源保护规划（2016—2030年）》制定了生态需水保障的分阶段总体目标和任务，为全国河湖生态流量保障提供了技术支撑。2020 年，《水利部关于做好河湖生态流量确定和保障工作的指导意见》指出，"以维护河湖生态系统功能为目标，科学确定生态流量，严格生态流量管理，强化生态流量监测预警，加快建立目标合理、责任明确、保障有力、监管有效的河湖生态流量确定和保障体系，加快解决水生态损害突出问题，不断改善河湖生态环境。"上述政策的颁布为系统性建设河湖生态流域制度提供了全面、具体的指导。

在法律法规方面，有关法规大体可分为水事法律，流域法律，涉水法规、规章或规范性文件，地方性法规四种（张思茵，2022）。①水事法律：例如，《中华人民共和国水法》要求，开发、利用、节约、保护水资源和防治水害，应当全面规划、统筹兼顾、标本兼治、综合利用、讲求效益，发挥水资源的多种功能，协调好生活、生产经营和生态环境用水。《中华人民共和国水污染防治法》对"维持江河的合理流量"做出了明确规定。②流域法律：《中华人民共和国长江保护法》《中华人民共和国黄河保护法》等流域立法中在生态流量保障方面也专门设置了具体条文。例如，《中华人民共和国长江保护法》规定要建立健全生态流量标准体系、加强长江流域生态用水保障、恢复河湖生态流量的内容；《中华人民共和国黄河保护法》提出"确定生态流量和生态水位的管控指标，应当进行科学论证"，"黄河干流、重要支流水工程应当将生态用水纳入日常调度规程"。《太湖流域管理条例》规定太湖流域水资源配置与调度，应当首先满足居民生活用水，兼顾生产、生态用水以及航运等需要，维持太湖合理水位，促进水体循环，提高太湖流域水环境容量。③涉水法规、规章或规范性文件：例如，《水资源调度管理办法》规定"开展水资源调度，应当优先满足生活用水，保障基本生态用水，统筹农业、工业用水以及水力发电、航运等需要。"《水权交易管理暂行办法》规定县级以上地方人民政府或者其授权的部门、单位，可以通过政府投资节水形式回购取水权，也可以回购取水单位和个人投资节约的取水权。回购的取水权，应当优先保证生活用水和生态用水。《水量分配暂行办法》规定按照方便管理、利于操作和水资源节约与保护、供需协调的原则，统筹考虑生活、生产和生态与环境用水。④地方性法规：2012 年，福建省环境保护厅出台了《福建省水电站下泄流量在线监控运行考核办法（试行）》，对 117 座各类水电站提出了生态流量控制目标（李扬 等，2020）。2017 年 1 月 1 日实施的《贵州省水资源保护条例》要求，县级以上人民政府水行政主管部门应当会同环境保护等行政主管部门制定基于生态流量保障的水量调度方案，确定河流的合理流量（王建平 等，2018）。2017 年，湖南省启动生态流量保障实施方案的编制工作。在省人民政府批复的《湖南省水资源调度方案及系统建设规划》的基础上，通过多方调研、深入研究和收集意见后，形成了《湖南省主要河流控制断面生态流量方案》（罗毅君，2020）。2020 年，《四川省印发实施第一批重点河湖生态流量保障实施方案》，明确了全省 38 个河（湖）、73 个生态流量考核断面的生态流量保障目标（周秀平 等，2021）。上述法规，从国家到地方，从流域到河流，为水资源配置及生态流量管理提供了具体依据，为体系化构建生态流量制度打下了良好的基础。

我国与生态流量有关的技术标准随着对生态流量认识的不断深入而进一步完善，加之生态流量概念的广泛性及涉及不同管理部门，因此迄今为止，主要制定了以下标准。2006 年，水利部颁布了《江河流域规划环境影响评价规范》（SL 45—2006）、国家环境保护总局印发《水电水利建设项目河道生态用水、低温水和过鱼设施环境影响评价技术指南（试行）》，提出了河道生态用水量环境影响评价技术指南。2008 年，水利部颁布的《水资源供需预测分析技术规范》（SL 429—2008）对生态环境需水预测内容和要求做出了规定。2009 年，环境保护部颁布的《建设项目竣工环境保护验收技术规范 水利水电》（HJ 464—2009）规定了要检查生态保护设施建设和运行情况，其中包括下泄生态流量通道。2010 年，水利部颁布了《河湖生态需水评估导则（试行）》（SL/Z 479—2010）。2010 年，水利部水利水电规划设计总院印发的《关于印发〈水工程规划设计生态指标体系与应用指导意见）的通知》（水总环移〔2010〕248 号）构建了水工程规划设计生态指标体系。2011 年，水利部颁布的《水利水电建设项目水资源论证导则》（SL 525—2011）提出河道内生态需水量预测应利用已有规划成果，或者根据社会经济发展指标和统计分析的用水指标采用分项预测法、综合法和定额法等确定，并分析和确定水利水电建设项目的最小下泄流量。2011 年，水利部颁布的《水利水电工程环境保护设计规范》（SL 492—2011）提出根据初步设计阶段工程建设及运行方案，应复核工程生态基流、敏感生态需水及水功能区的生态与环境需水。2014 年，水利部发布《河湖生态环境需水计算规范》（SL/Z 712—2014），其规定主要技术内容包括资料收集与调查分析，河流生态环境需水量计算，湖泊、沼泽生态环境需水量计算，河流水系生态环境需水量计算，河道外生态环境需水量计算，流域生态环境需水综合分析六个方面。2015 年，水利部颁布了《水利建设项目环境影响后评价导则》（SL/Z 705—2015），其规定应根据工程下泄生态用水状况，评价相关区域生态环境用水量、过程及生态环境需水目标的满足程度。2021 年，在原标准基础上，水利部发布了《河湖生态环境需水计算规范》（SL/T 712—2021），完善了河湖生态环境需水概念体系，修改并增加了相关术语、河湖生态环境需水计算体系，明确了设计保证率的量化要求，优化了河流水系生态环境需水参考阈值，补充更新了河湖生态环境需水计算方法。

当前关于生态流量保障与管理方面的标准规范主要集中在生态流量目标的确定，如《河湖生态环境需水计算规范》（SL/T 712—2021）、《水电工程生态流量计算规范》（NB/T 35091—2016）、《水电水利建设项目河道生态用水、低温水和过鱼设施环境影响评价技术指南（试行）》等（黄艳 等，2023）。例如，在对珠江流域黄泥河的研究中，参照《河湖生态环境需水计算规范》（SL/T 712—2021），选择妥者等 8 个控制断面，采用水文学法、水力学法、生境模拟法等多种方法，分析计算典型断面的生态流量，得出黄泥河流域生态流量整体取值范围为多年平均流量的 8%～18%较为合理的结论（苏训，2020）。《湖南省主要河流控制断面生态流量方案》主要考虑国家控制断面和省界、市界、重要水利枢纽、市（州）城区控制断面，共选取 106 个断面。《湖南省主要河流控制断面生态流量方案》确定的控制指标包括生态流量，生态流量目标值主要采取水文学法确定，一般断面流量按多年平均流量的 10%取值。重要控制断面满足《长江保护修复攻坚战行动计划》"2020 年年底前，长江干流及主要支流主要控制节点生态基流占多年平均流量比例在 15%左右"的要求（罗毅君，2020）。

参 考 文 献

阿辛顿 A H, 刘泽文, 付湘宁, 2012. 河流生物多样性和生态环境保护面临的新挑战[J]. 水利水电快报, 33(4): 1-5, 11.

白元, 徐海量, 张青青, 等, 2015. 基于地下水恢复的塔里木河下游生态需水量估算[J]. 生态学报, 35(3): 630-640.

陈昂, 2018. 河流生态流量差异化评估方法研究[M]. 北京: 中国水利水电出版社.

陈昂, 隋欣, 廖文根, 等, 2016. 我国河流生态基流理论研究回顾[J]. 中国水利水电科学研究院学报, 14(6): 401-411.

陈昂, 王鹏远, 吴淼, 等, 2017. 国外生态流量政策法规及启示[J]. 华北水利水电大学学报(自然科学版), 38(5): 49-53.

陈海燕, 尹美娥, 2008. 保加利亚水资源开发与管理: 各国水概况系列之六[J]. 水利发展研究, 8(2): 72-76.

陈敏建, 丰华丽, 王立群, 等, 2007. 适宜生态流量计算方法研究[J]. 水科学进展, 18(5): 745-750.

成波, 杨梦斐, 杨寅群, 等, 2020. 长江流域生态流量监督管理探索与实践[J]. 人民长江, 51(9): 51-55, 188.

成波, 王培, 李志军, 等, 2022. 长江流域生态流量管理服务平台建设探讨[J]. 长江技术经济, 6(1): 9-14.

崔树彬, 2001. 关于生态环境需水量若干问题的探讨[J]. 中国水利(8): 71-74.

丁绿芳, 孙远, 2007. 南非水资源一体化管理[J]. 水利水电快报, 28(6): 1-2, 5.

丁民, 2003. 澳大利亚水权制度及其启示[J]. 水利发展研究, 7: 57-60.

董哲仁, 2005. 国外河流健康评估技术[J]. 水利水电技术, 36(11): 15-19.

董哲仁, 张晶, 赵进勇, 2020. 生态流量的科学内涵[J]. 中国水利, 15: 15-19.

葛金金, 张汶海, 彭文启, 等, 2020. 我国生态流量保障关键问题与挑战[C]//中国水利学会, 黄河水利委员会. 中国水利学会 2020 学术年会论文集第一分册. 北京: 中国水利水电出版社: 45-53.

国务院环境保护委员会, 1987. 关于防治水污染技术政策的规定[J]. 水资源保护(1): 14-19.

何川, 2021. 生态流量浅论[C]//中国环境科学学会. 2021 年科学技术年会论文集. 北京: 《中国学术期刊(光盘版)》电子杂志社有限公司: 728-734.

何永涛, 闵庆文, 李文华, 2005. 植被生态需水研究进展及展望[J]. 资源科学, 27(4): 8-13.

和夏冰, 殷培红, 2017. 澳大利亚水管理法律规定及启示: 基于《水法》[J]. 国土资源情报(12): 15-20.

胡德胜, 2010a. 英国的水资源法和生态环境用水保护[J]. 中国水利(5): 51-54.

胡德胜, 2010b. 保加利亚生态环境用水法律与政策[J]. 环境保护(10): 70-71.

胡德胜, 陈晓景, 2007. 澳大利亚、法国和南非生态环境用水的立法保障及其对中国的启示[C]//尚宏琦, 骆向新. 第三届黄河国际论坛论文集. 郑州: 黄河水利出版社: 320-326.

黄艳, 李英, 邱凉, 2023. 长江流域河湖生态流量保障管理研究[J]. 长江技术经济, 7(2): 1-8.

姜跃良, 2004. 河流生态环境需水量的理论研究及应用[D]. 成都: 四川大学.

李丽娟, 郑红星, 2000. 海滦河流域河流系统生态环境需水量计算[J]. 地理学报, 5(4): 495-500.

李晓阳, 丰华丽, 2018. 生态流量实践管理研究进展与启示[C]//中国水利经济研究会, 水利部发展研究中心, 南京水利科学研究院, 等. 建设生态水利 推进绿色发展论文集. 北京: 中国水利水电出版社: 265-271.

李扬, 孙翀, 刘涵希, 2020. 福建省域河流生态流量监管与控制目标核定[J]. 水资源保护, 36(2): 92-96, 104.

李原园, 廖文根, 赵钟楠, 等, 2019. 新时期河湖生态流量确定与保障工作的若干思考[J]. 中国水利(17): 13-16, 8.

李铮, 2003. 从美国《濒危物种法》对我国《野生动物保护法》的反思[J]. 云南环境科学, 22(2): 38-41.

刘昌明, 1999. 中国 21 世纪水供需分析: 生态水利研究[J]. 中国水利(10): 18-20.

刘海龙, 杨冬冬, 2014. 美国《野生与风景河流法》及其保护体系研究[J]. 中国园林, 30(5): 64-68.

刘晓燕, 连煜, 黄锦辉, 等, 2008. 黄河环境流研究[J]. 科技导报, 26(17): 24-30.

罗毅君, 2020. 湖南省生态流量管理的探索与思考[J]. 中国水利(15): 70-71.

麦克·史密斯, 2000. 澳大利亚水改革动机和框架[C]//水利部经济调节司. 2000 年中澳灌溉水价研讨会论
　　文集. 北京: 中国水利水电出版社: 216-223.

倪晋仁, 崔树彬, 李天宏, 2002. 论河流生态环境需水[J]. 水利学报(9): 14-19.

倪深海, 2003. 半湿润地区水生态环境恢复研究[D]. 南京: 河海大学.

潘德勇, 2009. 美国水资源保护法的新发展及其启示[J]. 时代法学, 7(3): 95-101.

彭文启, 2020. 生态流量五个关键问题辨析[J]. 中国水利(15): 20-25.

全元, 刘昕, 王辰星, 等, 2016. 生态需水在输水工程生态影响评价中的应用[J]. 生态学报, 36(19):
　　6012-6018.

森特纳 T J, 朱庆云, 2011. 美国《清洁水法》的公众参与要求辨析[J]. 水利水电快报, 32(5): 1-4, 27.

水艳, 李丽华, 喻光晔, 2015. 淮河流域系统开展生态需水研究的现状与趋势分析[J]. 治淮, 1: 25-26.

苏飞, 2005. 河流生态需水计算模式及应用研究[D]. 南京: 河海大学.

苏训, 2020. 珠江生态流量保障实践与思考[J]. 中国水利(15): 53-55, 43.

孙颖, 黄文杰, 2005. 美国跨流域调水工程的供水管理问题[C]//中国水利学会水力学专业委员会, 中国
　　水力发电工程学会水工水力学专业委员会, 国际水利工程与研究协会中国分会. 第二届全国水力学
　　与水利信息学学术大会论文集. 成都: 四川大学出版社: 157-160.

汤洁, 佘孝云, 林年, 等, 2005. 生态环境需水的理论和方法研究进展[J]. 地理科学, 25(3): 367-373.

汤奇成, 1995. 绿洲的发展与水资源的合理利用[J]. 干旱区资源与环境(3): 107-112.

王传武, 2011. 生态需水研究需要厘清的基本问题[J]. 人民黄河, 33(8): 95-98.

王根绪, 程国栋, 2002. 干旱内陆流域生态需水量及其估算: 以黑河流域为例[J]. 中国沙漠, 22(2):
　　129-134.

王根绪, 张钰, 刘桂民, 2005. 干旱内陆流域河道外生态需水量评价: 以黑河流域为例[J]. 生态学报,
　　25(10): 2467-2476.

王红艳, 2022. 欧洲跨界河流共治实践及对推进水治理现代化的启示[J]. 国外社会科学(1): 144-153.

王建平, 李发鹏, 孙嘉, 2018. 我国生态流量管理实践探索[J]. 人民黄河, 40(11): 78-81, 87.

王俊娜, 董哲仁, 廖文根, 等, 2013. 基于水文-生态响应关系的环境水流评估方法: 以三峡水库及其坝
　　下河段为例[J]. 中国科学: 技术科学, 43(6): 715-726.

王珊琳, 丛沛桐, 王瑞兰, 等, 2004. 生态环境需水量研究进展与理论探析[J]. 生态学杂志, 23(6):
　　111-115.

王占兴, 2005. 高寒地区中、小河流生态环境需水问题的研究[D]. 南京: 河海大学.

王中根, 赵玲玲, 陈庆伟, 等, 2020. 关于生态流量的概念解析[J]. 中国水利(15): 29-32.

尉永平, 2003. 澳大利亚水改革的成功经验及启示[J]. 山西水利科技(4): 54-56.

许新宜, 杨志峰, 2003. 试论生态环境需水量[J]. 中国水利, 5: 12-15.

徐志侠, 陈敏建, 董增川, 2004. 河流生态需水计算方法评述[J]. 河海大学学报(自然科学版)(1): 5-9.

徐志侠, 董增川, 唐克旺, 等, 2005. 生态用水决策过程、研究层次及生态需水重要概念研究[J]. 水利水电技术, 36(3): 9-12.

杨志峰, 崔保山, 刘静玲, 等, 2002. 生态环境需水量理论、方法与实践[M]. 北京: 科学出版社.

杨志峰, 姜杰, 张永强, 2005. 基于 MODIS 数据估算海河流域植被生态用水方法探讨[J]. 环境科学学报, 25(4): 449-456.

杨志峰, 张远, 2003. 河道生态环境需水研究方法比较[J]. 水动力学研究与进展(A 辑), 18(3): 294-301.

张丽, 李丽娟, 梁丽乔, 等, 2008. 流域生态需水的理论及计算研究进展[J]. 农业工程学报, 24(7): 307-312.

张思茵, 2022. 流域生态安全法律制度研究[D]. 保定: 河北大学.

张瑜洪, 张智吾, 2011. 促进水资源可持续利用: 《全国水资源综合规划》编制概览[J]. 中国水利(23): 14-32.

钟旭珍, 王丽霞, 姚昆, 等, 2020. 基于生态环境功能分区的关中—天水区生态需水量测评[J]. 水土保持研究, 27(6): 240-246.

周翠宁, 孙颖娜, 2023. 一种适用于寒区河流生态需水量计算方法[J]. 中国农村水利水电(4): 46-53.

周秀平, 罗莉, 王欣, 2021. 四川省重点河湖生态流量保障方案及面临的问题[J]. 四川水利(z1): 35-37, 49.

朱党生, 张建永, 廖文根, 等, 2010. 水工程规划设计关键生态指标体系[J]. 水科学进展, 21(4): 560-566.

左其亭, 2002. 干旱半干旱地区植被生态用水计算[J]. 水土保持学报, 16(3): 114-117.

TERRIER C, BOUFFAED W, 2003. 法国水资源全面综合管理: 开发公司与流域行政机构的成功合作[J]. 中国水利(21): 53-54.

GLEICK P, WHITE F, 1993. Water in crisis: A guide to the world's fresh water resources[M]. New York: Oxford University Press.

GLEICK P H, 1998. Water in crisis: Paths to sustainable water use[J]. Ecological applications, 8(3): 571-579.

SCHLAGER E, 2005. Rivers for life: Managing water for people and nature[J]. Ecological economics, 55(2): 306-307.

STATZNER B, GORE J A, RESH V H, 1988. Hydraulic stream ecology: Observed patterns and potential applications[J]. Journal of the North American Benthological Society, 7(4): 307-360.

第 2 章
长江流域生态流量保障体系

2.1 长江流域生态流量保障顶层设计

《中华人民共和国长江保护法》第三十一条规定：国家加强长江流域生态用水保障。国务院水行政主管部门会同国务院有关部门提出长江干流、重要支流和重要湖泊控制断面的生态流量管控指标。其他河湖生态流量管控指标由长江流域县级以上地方人民政府水行政主管部门会同本级人民政府有关部门确定。国务院水行政主管部门有关流域管理机构应当将生态水量纳入年度水量调度计划，保证河湖基本生态用水需求，保障枯水期和鱼类产卵期生态流量、重要湖泊的水量和水位，保障长江河口咸淡水平衡（全国人民代表大会常务委员会，2020）。

流域管理机构作为"河流代言人"，落实生态文明建设的一项重要任务就是维护河流的合理生态水量。水利部长江水利委员会在生态流量管理方面开展了大量工作，组织编制完成的《长江流域综合规划（2012—2030 年）》《长江流域（片）水资源保护规划（2016—2030 年）》，以及长江重要支流综合规划、跨省江河流域水量分配方案等都将生态流量作为水资源开发利用中的重要约束性指标（涂敏和易燃，2019），并通过将生态流量作为约束性指标纳入流域综合规划、制订跨省江河流域水量分配方案、推进流域梯级统一调度、规范取水审批、建立水资源监测监督管理平台等综合手段，从流域水资源规划、配置、调度及管理的各个环节实现对流域生态流量保障的顶层设计和重要工程取用水的源头管理。

2.1.1 将生态流量作为约束性指标

组织编制并监督实施流域和流域内跨省（自治区、直辖市）江河湖泊的综合规划是流域管理机构的一项重要职责。水利部长江水利委员会组织编制完成了《长江流域综合规划（2012—2030 年）》《长江流域（片）水资源保护规划》，以及《雅砻江流域综合规划》《岷江流域综合规划》《嘉陵江流域综合规划》《湘江流域综合规划》《沅江流域综合规划》《资水流域综合规划》《赣江流域综合规划》《抚河流域综合规划》《信江流域综合规划》等长江重要支流的综合规划，针对流域生态环境保护修复的敏感目标和对象，合理确定流域生态保护总体目标，提出长江流域重要河湖主要控制节点生态基流、生态环境需水量及生态环境下泄水量等约束性指标，从流域层面开展水资源保护的顶层设计。

为贯彻落实《中华人民共和国长江保护法》关于加强长江流域生态流量监督管理的要求，2021年，水利部长江水利委员会印发《水利部长江水利委员会河湖生态流量监督管理办法（试行）》，明确规定了水利部长江水利委员会、省级水行政主管部门、水工程运行管理单位在长江流域跨省河流及重要湖泊生态流量保障和监督管理中的职责，同时对控制断面生态流量监测与信息报送、调度保障措施和预警响应处置等进行了规范。另外，水利部长江水利委员会在2021～2022年编制完成了长江流域85条跨省重点河湖和131个控制断面生态流量保障目标，印发了《长江流域第一批重点河湖生态流量保障实施方案》和《长江流域第二批重点河湖生态流量保障实施方案》。

2.1.2 制订跨省江河流域水量分配方案

自2010年以来，水利部长江水利委员会先后推动了4批共23条跨省江河流域水量分配方案的编制，方案编制根据各条河流的特点和近期实际用水情况，明确流域内多年平均情况下各省级行政区地表水分配水量，同时明确水系节点、水利工程及省界断面的最小下泄流量及下泄水量指标，确定流域水资源统一调度的目标和条件。至2023年11月，长江流域23条跨省江河流域水量分配方案全部获批，实现了跨省江河流域水量分配全覆盖，确定了流域1 874.49亿 m³ 的地表水分配水量（长江水利网，2023）。

2.1.3 推进流域水工程统一调度

从2012年开始，水利部长江水利委员会积极推进金沙江中游枯水期水资源统一调度管理工作，督促各水电站落实枯水期调度方案，保证金沙江中游河段生态流量和下游取水、用水需求。自2014年南水北调中线一期工程通水以来，为统筹协调汉江流域内外各方用水需求，水利部长江水利委员会组织编制了汉江流域各年度水量调度计划，建立了汉江流域水资源统一配置和调度的秩序与体系，保障了汉江流域供水安全和生态安全。2016年，水利部长江水利委员会组织开展了大渡河水量统一调度，协调各梯级水电站调度运行，落实水电站最小下泄流量要求。通过长江流域水量统一调度实践，有效协调了梯级水库蓄泄关系、蓄放水秩序及各梯级水库调度运行方式，落实了重要控制断面最小下泄流量要求。2023年，水利部出台《长江流域控制性水工程联合调度管理办法（试行）》，长江水利委员会负责管辖范围内控制性水工程联合调度的组织实施和监督管理，并将河流生态流量保障和重要湖泊生态水位保障纳入水工程联合调度。同年，《2023年长江流域水工程联合调度运用计划》获水利部批复，长江流域纳入联合调度的水工程总数由111座（处）增至125座（处）。

2.1.4　规范取水审批

在取水审批中科学确定重要河流湖泊的生态流量和生态水位，将生态流量纳入流域水资源配置和管理中，严把建设项目水资源论证、延续取水评估和取水许可管理质量关，明确新建工程生态流量需求。严把已建工程规定的下泄流量关，协调上下游控制断面的生态需水量。持续加强取水许可监督检查和跟踪，加大重点取水户的监督检查力度，推动落实取水许可管理各项制度措施，保障河湖生态流量（涂敏和易燃，2019）。

按照水利部的要求和部署，水利部长江水利委员会组织开展了乌江干流梯级规划、汉江干流梯级规划、岷江乐山至龙溪口航电梯级开发规划等规划水资源论证，基本建立了规划水资源论证体系，解决了河流上下游控制断面最小下泄流量不协调的问题。

2.1.5　强化水资源监测

以流域已有水文站网为依托，综合考虑防洪预报调度系统和国家水资源监控系统断面监测数据的实时传输等情况，确定了首批 100 个断面作为长江流域水资源管理实时定量监测重点断面，开发的长江流域水资源管理重点断面实时监测信息系统于 2017 年 6 月正式在长江委信息网上线试运行，实现了重点断面最小下泄流量的"在线、实时、滚动、预警"监测监督管理，为保障流域供水安全、实现流域水资源统一调配提供了有力的保障。

2023 年 4 月，长江流域全覆盖水监控系统建设项目开工建设，该系统构建了覆盖长江干流、雅砻江、岷江、嘉陵江、乌江、沅江、湘江、汉江、赣江、洞庭湖、鄱阳湖等重点区域的水监测感知体系；同时，其通过加强监测数据汇集和处理分析，搭建监测、评估、告警、处置、总结全过程管控应用体系，提升了预报、预警、预演、预案"四预"对流域治理管理决策的支持能力，为更好地服务长江大保护和流域高质量发展提供了水利支撑保障（周瑾，2023）。

2.2　长江流域生态流量管控断面构成及保障评估

2.2.1　生态流量管控断面构成

长江流域生态流量管控断面主要由两类组成：一类为流域综合规划、水量分配方案等提出的生态流量控制断面，在此统称为规划控制断面；一类为重要水工程最小下泄流量控制断面，即工程控制断面。规划控制断面主要依据流域综合规划、水量分配方案提出的流域重要断面及省界断面的下泄流量进行管控；工程控制断面主要依据水利部门的取水许可文件、生态环境部门的环评批复文件对工程提出的最小下泄流量要求及其他有关文件针对水工程核定的最小下泄流量进行管控。

依据流域综合规划、跨省水量分配方案、长江流域重要控制断面水资源监测通报、重大建设项目水资源论证、环境影响报告书及地方水行政主管部门核定生态流量的有关文件，梳理流域生态流量管控要求，如表2.1所示。

表2.1　长江流域生态流量主要管控断面及管控要求

序号	流域	控制断面	断面类型	所在河流	最小下泄流量控制指标/（m³/s）
1		直门达	水系节点、省界断面	通天河	46.0
2		石鼓	水系节点、水利工程	金沙江干流	298
3		攀枝花（二）	水系节点、省界断面、重要城市	金沙江干流	439
4		梨园	水利工程	金沙江干流	300
5		阿海	水利工程	金沙江干流	350
6		金安桥	水利工程	金沙江干流	350
7		龙开口	水利工程	金沙江干流	380
8		鲁地拉	水利工程	金沙江干流	400
9		观音岩	水利工程	金沙江干流	439
10		乌东德（二）	水利工程	金沙江干流	900（8月至次年2月），1 160（3~7月）
11		白鹤滩	水利工程	金沙江干流	1 160（8月至次年2月），1 260（3~7月）
12	金沙江	溪洛渡	水利工程	金沙江干流	1 200
13		向家坝	水系节点、省界断面、水利工程	金沙江干流	1 200
14		古学（三）	水系节点	定曲	31.0
15		上桥头（三）	省界断面	格咱河—翁水河	11.2
16		石龙坝	省界断面	新庄河	2.30
17		雅江（三）	水利工程	雅砻江	125
18		锦屏一级水电站	水利工程	雅砻江	88.0（12月至次年5月），122（6~11月）
19		泸宁	水利工程	雅砻江	88.0（12月至次年5月），122（6~11月）
20		桐子林（二）	水系节点、水利工程	雅砻江	422
21		庄房（二）	省界断面	雅砻江—理塘河—卧罗河—前所河—宁蒗河	0.65
22		横江（二）	水系节点、省界断面	横江	27.5
23		彝良	省界断面	横江—洛泽河	5.50

序号	流域	控制断面	断面类型	所在河流	最小下泄流量控制指标/（m³/s）
24	长江	朱沱	水系节点	长江干流	2 110
25		寸滩	水系节点	长江干流	2 510
26		宜昌	水系节点	长江干流	3 090
27		汉口	水系节点	长江干流	5 280
28		大通	水系节点	长江干流	7 430
29	雅砻江	两河口	水利工程	雅砻江干流	125
30		雅江	水系节点	雅砻江干流	120
31		牙根一级	水利工程	雅砻江干流	117.1（10月至次年2月），135.4（3～9月）
32		孟底沟	水利工程	雅砻江干流	145
33		杨房沟	水利工程	雅砻江干流	145～179.2
34		卡拉	水利工程	雅砻江干流	146
35		锦屏一级	水利工程	雅砻江干流	122（非枯水期），88（枯水期）
36		官地	水利工程	雅砻江干流	200
37		二滩	水利工程	雅砻江干流	401
38		桐子林	水系节点、水利工程	雅砻江干流	347
39		道孚	水系节点	鲜水河	21
40	牛栏江	德泽	水利工程	牛栏江干流	5.4（12月至次年5月），16.2（6～11月）
41		黄梨树（二）	水利工程	牛栏江干流	16.0
42		大沙店	省界断面	牛栏江干流	32.0
43	岷江	紫坪铺	水利工程	岷江	129
44		高场（五）	水系节点	岷江	635
45		大金	水利工程	岷江—大渡河	52.0
46		石棉	水利工程	岷江—大渡河	165.4
47		峨边	水利工程	岷江—大渡河	366
48		沙湾	水系节点	岷江—大渡河	400
49		双江口	水利工程	岷江—大渡河	121
50		金川	水利工程	岷江—大渡河	130
51		猴子岩	水利工程	岷江—大渡河	160
52		长河坝	水利工程	岷江—大渡河	166.5
53		黄金坪	水利工程	岷江—大渡河	84

序号	流域	控制断面	断面类型	所在河流	最小下泄流量控制指标/（m³/s）
54	岷江	泸定	水利工程	岷江—大渡河	184
55		硬梁包	水利工程	岷江—大渡河	135
56		大岗山	水利工程	岷江—大渡河	165.4（日均）
57		瀑布沟	水利工程	岷江—大渡河	188（最小），327（日均）
58		枕头坝一级	水利工程	岷江—大渡河	327
59		沙坪二级	水利工程	岷江—大渡河	345
60		绰斯甲（二）	水系节点	岷江—大渡河—绰斯甲河	39.2
61		夹江	水系节点	岷江—大渡河—青衣江	103
62	沱江	富顺	水系节点	沱江	35.2
63	赤水河	赤水河	省界断面	长江—赤水河	11.0
64		茅台	重要城市	长江—赤水河	23.0
65		赤水	水系节点、省界断面	长江—赤水河	59.0
66	嘉陵江	茨坝	省界断面	嘉陵江	1.86
67		谈家庄	省界断面	嘉陵江	4.15
68		亭子口	水系节点、水利工程	嘉陵江	124
69		武胜	省界断面	嘉陵江	188
70		北碚（三）	水系节点、水利工程、重要城市	嘉陵江	327
71		草街	水利工程	嘉陵江	327
72		亚古	水利工程	嘉陵江—白龙江	1.76（枯水期），2.04（丰水期）
73		行政	水利工程	嘉陵江—白龙江	1.96（枯水期），2.27（丰水期）
74		白云	水利工程	嘉陵江—白龙江	1.96（枯水期），2.28（丰水期）
75		尼什峡	水利工程	嘉陵江—白龙江	1.99（枯水期），2.31（丰水期）
76		卡坝班九	水利工程	嘉陵江—白龙江	2.2（枯水期），2.56（丰水期）
77		尼傲峡	水利工程	嘉陵江—白龙江	4.5（枯水期），6.02（丰水期）
78		九龙峡	水利工程	嘉陵江—白龙江	4.69（枯水期），6.28（丰水期）
79		花园峡	水利工程	嘉陵江—白龙江	5.7（枯水期），7.63（丰水期）
80		水泊峡	水利工程	嘉陵江—白龙江	6.49（枯水期），9.17（丰水期）

续表

序号	流域	控制断面	断面类型	所在河流	最小下泄流量控制指标/（m³/s）
81	嘉陵江	代古寺	水利工程	嘉陵江—白龙江	7.44（枯水期），10.51（丰水期）
82		巴藏	水利工程	嘉陵江—白龙江	7.52（枯水期），10.63（丰水期）
83		大立节	水利工程	嘉陵江—白龙江	7.67（枯水期），10.84（丰水期）
84		喜儿沟	水利工程	嘉陵江—白龙江	7.87（枯水期），11.12（丰水期）
85		凉风壳	水利工程	嘉陵江—白龙江	8.03（枯水期），11.35（丰水期）
86		锁儿头	水利工程	嘉陵江—白龙江	8.33（枯水期），11.77（丰水期）
87		虎家崖	水利工程	嘉陵江—白龙江	8.42（枯水期），11.89（丰水期）
88		南峪	水利工程	嘉陵江—白龙江	8.5（枯水期），12（丰水期）
89		两河口①	水利工程	嘉陵江—白龙江	8.5（枯水期），12.01（丰水期）
90		石门坪	水利工程	嘉陵江—白龙江	10.79（枯水期），13.78（丰水期）
91		沙湾②	水利工程	嘉陵江—白龙江	9.49（枯水期），12.09（丰水期）
92		白鹤桥	水利工程	嘉陵江—白龙江	10.67（枯水期），13.61（丰水期）
93		石门	水利工程	嘉陵江—白龙江	11.28（枯水期），14.38（丰水期）
94		拱坝河口	水利工程	嘉陵江—白龙江	11.51（枯水期），14.66（丰水期）
95		锦屏	水利工程	嘉陵江—白龙江	12.48（枯水期），15.91（丰水期）
96		汉王	水利工程	嘉陵江—白龙江	13.11（枯水期），16.72（丰水期）
97		椒园坝	水利工程	嘉陵江—白龙江	13.17（枯水期），16.79（丰水期）
98		大园坝	水利工程	嘉陵江—白龙江	13.61（枯水期），17.36（丰水期）
99		橙子沟	水利工程	嘉陵江—白龙江	13.82（枯水期），17.62（丰水期）
100		临江	水利工程	嘉陵江—白龙江	14.07（枯水期），17.94（丰水期）

① 序号 29 和序号 89 皆为两河口控制断面，是在不同河流上的不同工程。
② 序号 48 和序号 91 皆为沙湾控制断面，是在不同河流上的不同工程。

序号	流域	控制断面	断面类型	所在河流	最小下泄流量控制指标/(m³/s)
101	嘉陵江	碧口	水利工程	嘉陵江—白龙江	24.6/83.9(日均)
102		宝珠寺	水利工程	嘉陵江—白龙江	85.1
103		成县	省界断面	嘉陵江—青泥河	1.08
104		谭家坝(二)	水系节点、省界断面	嘉陵江—西汉水	6.26
105		白云	省界断面	嘉陵江—白龙江	6.15
106		三磊坝(二)	水系节点	嘉陵江—白龙江	85.1
107		文县	省界断面	嘉陵江—白龙江—白水江	7.24
108		罗渡溪(二)	水系节点、省界断面	嘉陵江—渠江	61.9
109		小河坝(三)	水系节点	嘉陵江—涪江	87.1
110	乌江	乌江渡水电站	水利工程	乌江干流	112
111		构皮滩水电站	水利工程	乌江干流	190
112		思林水电站	水系节点	乌江干流	195
113		沿河	省界断面	乌江干流	228
114		彭水(四)	水利工程	乌江干流	280
115		银盘	水利工程	乌江干流	345
116		武隆	水系节点	乌江干流	345
117		鸭池河(三)	水系节点	鸭池河—六冲河	40.0
118		洪家渡(二)	水利工程	鸭池河—六冲河	14.4
119		贵阳(三)	重要城市	乌江—清水江—南明河	1.23
120		大河边	省界断面	濯河(唐岩河)	3.09
121		浩口水电站	省界断面、水利工程	芙蓉江	21.5
122	清江	恩施	水系节点	清江	8.4
123		水布垭	水利工程	清江	35.0
124		高坝洲	水利工程	清江	46.0
125	澧水	江坪河	水利工程	澧水—溇水	8.11
126		江垭	水利工程	澧水—溇水	17.0
127		皂市	水利工程	澧水	22.0
128	汉江	汉中(二)	重要城市	汉江	9.48(11月至次年5月),22.4(6~10月)
129		石泉	水利工程	汉江	40

序号	流域	控制断面	断面类型	所在河流	最小下泄流量控制指标/（m³/s）
130	汉江	安康（二）	水利工程	汉江	80.0
131		白河	省界断面	汉江	120
132		丹江口	水利工程	汉江	490
133		黄家港（二）	水系节点、水利工程	汉江	490
134		皇庄	水系节点	汉江	500
135		仙桃（二）	水利工程	汉江	500
136		大竹河（二）	省界断面	汉江—任河	5.89
137		鄂坪	省界断面	汉江—堵河	3.46
138		黄龙滩	水系节点、水利工程	汉江—堵河	17.7
139		荆紫关（二）	水系节点、省界断面	汉江—丹江	5.10
140		白土岗（二）	水利工程	汉江—白河	0.708
141		鸭河口水库	水利工程	汉江—白河	2.66
142		新店铺（三）	水系节点、省界断面	汉江—白河	6.92
143		郭滩	水系节点、省界断面	汉江—唐河	5.85
144	沅江	锦屏（四）	水利工程	沅江	65.0
145		安江	水系节点	沅江	151
146		浦市（二）	水系节点	沅江	189
147		五强溪（二）	水利工程	沅江	395
148		桃源	水系节点、水利工程	沅江	400
149		通道	省界断面	沅江—渠水	12.0
150		玉屏（崇滩）	省界断面	沅江—㵲水	21.7
151		芷江	水系节点、重要城市	沅江—㵲水	32.9
152		来凤	省界断面	沅江—酉水	5.32
153		石堤（二）	省界断面	沅江—酉水	25.0
154		高砌头（二）	水系节点、水利工程	沅江—酉水	49.1
155		松桃（三）	省界断面	沅江—酉水—花垣河	2.75
156	资江	柘溪	水利工程	资江	130.0
157	陆水	陆水	水利工程	陆水	8.59
158	赣江	万安	水利工程	赣江	150
159		峡江	水利工程	赣江	266
160	抚河	廖坊	水利工程	抚河	28.6
161	修水	柘林	水利工程	修水	25.7

2.2.2　长江流域生态流量保障评估方式

生态流量保障程度评估及考核是生态流量监督管理的重要支撑。生态流量保障程度是指在保障最小生态流量的前提下，河流各断面生态流量的保障程度，其不仅可以作为评估现状条件下实际流量对于水生生态系统优劣程度的指标，还可以作为评估中长期流域水资源管理中水库与闸坝生态调度、水资源优化配置的定量标准。

根据文献调研，生态基流现状达标情况评价可以以来水保证率90%年份达标为达标标准。为得到科学可行的达标评价方法，可考虑在月、日不同尺度上采用不同方法进行评价，并对分项评价结果进行对比分析，选择一种相对合理的评价办法。评价方法可设置为：来水保证率在90%以上，逐月平均流量均达到生态基流的目标值；来水保证率在90%以上，逐日平均流量均达到生态基流的目标值；来水保证率在90%以上，逐月平均流量达标，维持河流不断流，且最长连续不达标天数小于 7 天（林育青和陈求稳，2020）。针对单一的控制断面，采用日平均流量达标率评价各断面生态基流的达标情况，即控制断面日平均流量达到生态流量管控目标的天数占评价时段总天数的百分比，即日平均流量达到生态流量的天数占评价时段总天数的比例（成波 等，2022；水艳 等，2015）。

$$日平均流量达标率=\frac{日平均流量达到生态流量管控目标的天数}{评价时段总天数}\times100\% \qquad (2.1)$$

水利部长江水利委员会每月对上月跨省河流及重要湖泊生态流量保障情况开展月度评估，每年年初配合水利部对上一年度跨省河流及重要湖泊的生态流量保障情况开展年度考核，月度评估采用月度整编的逐日平均流量（旬平均水位）成果，年度考核采用年度整编的逐日平均流量（旬平均水位）成果。

根据《2021年度长江流域重要控制断面水资源监测通报》，重要水利工程及水量分配断面按日平均流量成果进行评估，将满足最小下泄流量控制指标的天数在90%以上作为达标评价标准。

2.3　典型区域生态流量保障现状

2.3.1　流域内部分省份生态流量保障情况

流域各省（自治区、直辖市）通过编制区域水资源开发利用及保护规划、制定生态流量管理制度和考核办法、规范水电开发行为和水工程调度运行、完善水工程生态流量保障措施、建设生态流量监控系统等各种方式，在生态流量保障方面开展了相关工作。

1. 编制区域水资源开发利用及保护规划

贵州省于 2016 年颁布《贵州省水资源保护条例》，规定县级以上人民政府水行政主管部门应当会同环境保护等主管部门制定基于生态流量保障的水量调度方案，确定河流的合理流量和湖泊、水库的合理水位。水库、水电站等蓄水工程的管理单位应当按照前款规定的调度方案下泄生态流量，保障生态用水基本需求[①]。

云南省水利厅于 2016 年组织编制完成《云南省供水安全保障网规划》，由水利部和云南省人民政府联合批复，提出了保障河流基本的生态环境用水、退还被挤占的河道生态基流的方案。

四川省人民政府于 2014 年批复《四川省水资源综合规划》，2019 年印发实施《四川省主要江河流域水量分配方案》，明确了 30 个河湖重要控制断面的最小下泄流量指标，进一步明确了河湖生态用水权益（权燕，2020）。

湖北省分别于 2019 年、2020 年颁布了《湖北省清江流域水生态环境保护条例》和《湖北省汉江流域水环境保护条例》，从地方性法规层面规定并明确了保障河湖生态的流量及水工程最小下泄流量。

江苏省人民政府 2011 年批复的《江苏省水资源综合规划》提出，在水资源开发利用中要维持江河、湖泊水库以及地下水的合理水位，严格保护河湖和地下水生态系统，维护河流健康。2015～2016 年，江苏省相继印发了《江苏省生态保护与建设规划（2014—2020 年）》《江苏省水污染防治工作方案》《江苏省水资源保护规划（2016—2030 年）》等规划及文件，它们均将河湖生态水量保障纳入规划目标，并提出了生态需水保障措施。

2. 制定生态流量管理制度和考核办法

湖南省自 2014 年以来，将湘江流域干流和主要支流市州交界断面最小流量达标情况纳入了政府绩效考核内容。同时，湖南省财政厅、湖南省环境保护厅、湖南省水利厅印发了《湖南省湘江流域生态补偿（水质水量奖罚）暂行办法》，将市、县交界考核断面水量的最小流量和相应水功能区水质达标情况作为考核依据，通过考核奖惩，促进了最小流量保障措施的落实。湖南省水利厅等 8 部门于 2021 年联合印发《湖南省水电站生态流量监督管理办法（试行）》，对湖南省区域内水电站生态流量监督管理进行了规定。

云南省 2014 年以来出台的《云南省水利厅关于加强取水许可监督管理工作的通知》《关于开展规划水资源论证工作的通知》《云南省重大规划水资源论证评估管理办法（试行）》等一系列文件，把保障生态流量作为建设项目水资源论证报告书审批、严格取水许可申请审批的条件，将最小下泄生态流量保障措施和监测作为审查审批重要内容。2021 年云南省水利厅印发了《云南省小水电站生态流量管理办法（试行）》[②]，对云南

[①]贵州省人民代表大会常务委员会，2021. 贵州省水资源保护条例。
[②]云南省水利厅，2021. 云南省小水电站生态流量管理办法（试行）。

省区域内单站装机容量 5 万 kW 以下水电站的生态流量核定、监测和信息报送、泄放及调度管理、监督考核、问题处置等做出了全面要求，规范了小水电站的生态流量管理。从制度、政策、规章等方面，强化了对生态用水、生态流量管理的要求。

湖北省水利厅、湖北省生态环境厅于 2022 年联合印发了《湖北省小水电站生态流量监督管理办法（试行）》，从生态流量核定、泄放和监测、监督管理（线上、线下）和问题处置等方面对全省单站装机容量 5 万 kW 及以下的小水电站的生态流量监督管理工作进行了规定。

福建省早在 2011 年就完成了重点流域共 97 座水电站下泄流量在线定量监控系统的安装，并印发了《福建省重点流域水环境综合整治考核办法（修订）》，进一步细化了考核对象、考核内容、考核方法、评分标准、考核程序、考核结果运用等方面的内容，明确提出将考核结果作为当地政府领导班子及领导干部综合考核评价的重要依据，提出由福建省经济贸易委员会牵头对水电站下泄流量在线定量监控系统安装、运行情况进行考核。2013 年和 2014 年，福建省人民政府又颁布了《福建省人民政府关于进一步规范水电资源开发管理的意见》《福建省人民政府关于进一步加强重要流域保护管理 切实保障水安全的若干意见》等一系列文件，提出环保、经贸、电力等部门可以对不符合河流最小生态流量要求的水电站采取限制运行、罚款、扣减上网电费、解列等经济手段。2017 年底，福建省物价局联合福建省经济和信息化委员会、福建省环境保护厅、福建省水利厅印发了《福建省水电站生态电价管理办法（试行）》，推行水电生态电价机制，对实施生态改造和调整运行方式、落实生态流量的水电站，根据执行情况，实行上网电价奖惩政策，推动水电生态转型升级，改善流域生态环境。

3. 规范水电开发行为和水工程调度运行

四川省人民政府于 2012 年发布了《四川省人民政府办公厅关于加强 2.5 万千瓦以下小水电工程开发建设管理的意见》，明确提出"小水电开发应慎用引水式开发方式；确需采取引水式开发方式的，必须从严审批。同时要采取工程措施确保下泄流量不得低于根据《河道生态用水量环境影响评价技术指南》确定的河道生态用水最小流量，以有效保护所在河流生态环境"[①]。2016 年四川省人民政府又发布了《关于进一步加强和规范水电建设管理的意见》，要求"全面停止小型水电项目开发"，"认真执行环境保护'三同时'制度，建立下泄生态流量在线监测监控系统，严格落实各项环境保护措施"[②]。

湖北省有 1 194 座水电站完成了生态流量泄放工程建设，其中 140 座水电站实现了生态流量泄放远程监控。全面停批单一纯引水式水电站项目，104 座无法进行生态改造、经济效益低下的水电站关停退出（徐少军，2020）。针对江汉平原水网等重点地区，湖北省组织编制了《江汉平原主要水系连通及工程调度方案》，出台了《水利工程生态调度暂行办法》，组织江汉平原地区相关市级人民政府签订了《江汉平原主要河流（通

[①]四川省人民政府，2012. 四川省人民政府办公厅关于加强 2.5 万千瓦以下小水电工程开发建设管理的意见.
[②]四川省人民政府，2016. 关于进一步加强和规范水电建设管理的意见.

顺河、东荆河、汉北河、府澴河、四湖流域）水资源保护跨区联动工作机制协议》，强化了江汉平原水网生态调度。

湖南省水利厅 2007 年编制完成《湖南省水资源调度方案及系统建设规划》并由省人民政府批准实施，确定了各主要河段断面最小控制流量和水资源紧缺时期的水资源调度方案，制订了枯水状况、水污染突发事故状况水资源调度的预案，有效保障了城市供水和河流生态安全。

陕西省围绕汉江流域水量调度，将西安市、宝鸡市、汉中市、安康市、商洛市和石泉水电站、安康水电站纳入汉江水量统一调度。依据陕西省人民政府颁布的考核办法，将汉江水量调度纳入最严格水资源管理制度的考核，调度过程中根据实际来水情况，以及相关行业用水需求、电网安全、电力供应需求等优化调整调度计划。结合修订的《陕西省渭河水量调度办法》，启动了汉江水量调度法规制度建设，按照优先保障城乡居民生活用水，确保江河生态基本需水，保障粮食生产合理需水，优化配置生产经营用水的要求，遵循总量控制、断面流量控制、分级管理、分级负责的原则，进一步规范汉江干、支流重要水库、水电站，流域内引调水工程，跨流域调水工程的取水工程或退水工程，其他重要取用水工程的水量调度。

4. 完善水工程生态流量下泄措施及监控系统

四川省针对 2005 年之前建成的水电站，结合水电站水库除险加固、水电站增效扩容改造及其他技术改造，增设生态流量泄（放）水设施，下泄生态流量。对确实不具备增设生态流量泄（放）水设施条件的，明确要求按照生态优先的原则，采取合理的调度运行方式，保证河流最小生态流量。四川省雅安市于 2007 年建立了"雅安市江河生态流量在线监测系统"，通过租用中国电信技术平台，实时监控水电站下泄生态流量情况，目前纳入市、县监控中心的站点共 52 个，基本覆盖市管以上和县管主要河流，该系统暂未实现定量监测。2017 年，雅安市水务局联合雅安市环境保护局印发了《关于进一步加强水电站最小下泄流量监督管理工作的通知》，要求进一步强化定量在线监控系统的建设。

湖北省在香溪河流域 109 座水电站落实了生态流量泄放措施，制订了建设农村水电站下泄流量监控系统的初步计划，进行了水电站生态流量监测系统试点建设，2017 年开始在全省对生态敏感区、重点保护区、重要河流及中央财政资金扶持的水电站安装监控设备，进行生态流量监督管理。

江西省自 2013 年起开展了农村水电站最小下泄流量的监测研究工作，合理确定试点对象的最小下泄流量，并提出水电站最小下泄流量的确定和监测方法及其保障措施。

福建省于 2011 年完成了重点流域共 97 座水电站下泄流量在线定量监控系统的安装。安装了下泄流量装置的水电站与省市环保部门联网运行，环保部门监控中心进行实时监控，每年年初由水利部门对数据进行考核评分。相关水电站由专人负责设备的运行管理，确保数据的真实性，使所传数据如实反映水电站瞬时下泄总流量。出现数据中断、数据异常等情况时，水电站及时联系环保部门监控中心，服从监督和指导。

2.3.2 典型区域监督管理现状调查

1. 贵州省

贵州省在将生态流量保障纳入取水许可事中和事后监督管理、将生态流量及其保障措施作为水工程项目设计文件通过行政审批的必要条件、积极推进小水电生态流量保障工作等方面开展生态流量监督管理。

1）加强取水许可的事中和事后监管

按照国家的有关要求，建立了建设项目取水许可审批的事中和事后监督管理制度，并将生态流量保障纳入建设项目取水许可的事中和事后监督管理。

2）将生态流量保障措施纳入水工程项目设计文件

省级行政主管部门在审批中型水库时，要求设计文件中必须论证生态水量，且在枢纽设计中设有生态流量下放设施，否则不予审批。同时，要求市（州）有关部门在审批小型水库和农村水电时，也要严格执行河湖生态水量（流量）保障要求。通过审批层面的控制要求，来确保新开工水库和水电站项目满足河湖生态水量（流量）保障要求。

3）积极推进小水电生态流量保障工作

一是安排专项资金摸清小水电生态环境状况。2018 年贵州省安排省级财政资金开展全省农村水电站生态状况调查摸底工作，认清农村水电站对河流生态影响的现状，为下阶段全面开展农村水电站生态改造提供依据。二是开展全省河流水库生态流量核定工作。贵州省水利厅成立了生态流量核定工作领导小组，领导小组在水资源管理处下设办公室。三是严格做好项目前期工作把关。将环境影响评价批复作为列入全国农村小水电扶贫工程实施项目的必要条件。四是通过农村水电站增效扩容改造项目和绿色小水电创建工作，完善小水电生态流量泄放设施和监控设备。五是认真落实中央生态环境保护督察"绿盾"专项行动提出的农村水电生态环境问题整改要求，关停不符合要求的水电站。

2. 四川省

1）雅安市

"雅安市江河生态流量在线监测系统"建成于 2007 年，由雅安市水务局主持建设与管理。据统计，雅安市有水电站 786 座，其中有 695 座引水式水电站，大量引水式水电站对生态环境造成了一定的影响，河道减水问题较为突出。为此，雅安市于 2007 年率先在四川省开展涉水工程下泄生态流量在线监测工作，采用市、县水行政主管部门协调监督管理的方式，通过租用中国电信技术平台，建立了"雅安市江河生态流量在线监测系统"（图 2.1），以实时监控水电站下泄生态流量情况。监测系统的建设模式为企业自行建设、维护，市、县水务局进行指导并给予补助。该系统的监控中心设在雅安市水务局，宝兴县、芦山县、石棉县、天全县、荥经县、雨城区设分控中心。截至目前，全市已投入项目建设资金800余万元，纳入市、县监控中心的站点共有52个，基本覆盖市管以上和县管主要河流。

图 2.1　"雅安市江河生态流量在线监测系统"的部分监控记录

　　"雅安市江河生态流量在线监测系统"主要通过安装在发电尾水出口、泄洪闸及坝下的摄像头对水电站下泄流量进行远程观测，查看水电站是否下泄流量。"雅安市江河生态流量在线监测系统"管理人员通过监控系统对纳入监控的水电站进行抽查，每月根据监测情况进行总结，形成月报。将长期下泄生态流量次数少的水电站列入重点整治名单，下达整改通知单。

2）乐山市

　　乐山市境内江河众多，拥有岷江、大渡河、青衣江和众多中小河流，水能资源非常丰富。据统计，乐山市共有大、中、小型水库223座，全市水电装机348.26万kW，尚有在建水电装机205.6万kW。为加强对全市范围内取用水户的用水计量管理和水电站生态流量监控管理，乐山市已经完成了对 31 个重要取用水户、47 个取水口的在线监控工作。目前已有20座水电站接入该监控系统中，涉及的河流为岷江、大渡河、青衣江。

乐山市水务局于 2016 年组织开展了乐山市境内主要大中型水电站和部分有条件的小型水电站的生态流量远程监测系统设计工作，通过对乐山市境内主要大中型水电站和部分有条件的小型水电站的生态流量数据（包括水位数据、根据水位测算的流量数据、根据发电机组上网电量测算的流量数据）和视频（图像）进行监控，实现对各水电站生态泄放水的有效监控和管理（图 2.2）。

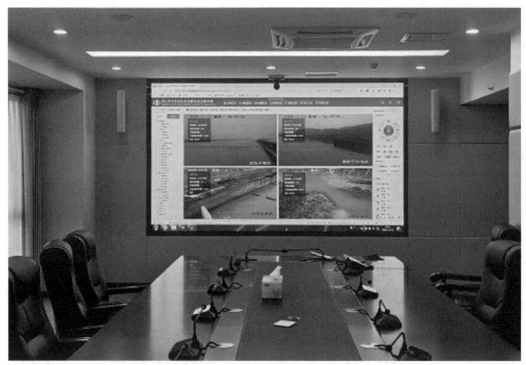

图 2.2　乐山市生态流量在线监测系统

3. 湖北省

1）神农架林区

神农架林区人民政府主要采取加快小水电站关停、制定生态流量管理制度、加大水电站监督管理力度、加快影响区生态修复四个方面的措施保障水电站生态流量。

（1）加快小水电站关停。神农架林区共有中小河流 317 条，分属堵河、香溪河、南河、沿渡河流域，已开发小水电站 97 座（实际运行 91 座）。2015 年 5 月湖北省人民政府批准了《神农架林区影响生态环境小水电站关停方案》，计划用 5 年时间逐步关停 30 座水电站，关停重点放在保护区、保护区外生态敏感区、黄金旅游线沿线可视范围及重点景区内符合关停条件的水电站。

（2）制定生态流量管理制度。神农架林区人民政府制定了《神农架林区水电站生态流量管理工作实施方案》，要求区域内水电站在拦水坝下游设置永久性无节制生态放流孔（槽），泄放不低于多年平均流量 10%的生态水量，并对区域内 60 座水电站核定的生态流量进行监督公示①。

（3）加大水电站监督管理力度。对辖区内截至 2016 年底所有未办理环境影响评价审批和环保竣工验收手续的水电项目，按照"规范、整改、清退"三类进行处理，对手续不全而开工建设的小水电站按程序实行联合执法，尤其是未进行环境影响评价验收、未落实环保措施的水电站，责令停产整顿。在检查中发现有水电站未按通知要求落实无闸生态放水设施或流量达不到要求的，由电力公司将该水电站断网限电并将所发电量视为无效电量，不予结算电费，同时依法吊销该水电站取水许可证。

（4）加快影响区生态修复。在小水电站厂房及装置拆除时，对于造成的环境影响，神农架林区人民政府统筹考虑，从多方面争取政策支持及资金补助，组织专门力量推进生态修复工作，避免一关了之。对于尚在营运的水电站，对建筑和部分附属设施进行景观改造，对水电站建筑物的拦水坝、引水河道、水电站厂房及泄水建筑物等与自然景观进行协调改造，成为绿色水电站。

2）宜昌市

宜昌市在开展中小河流水能资源开发规划的修编、加强小型水电站生态流量泄放监督及整改工作、加快小水电站生态流量监测工程建设、加大生态流量泄放监督检查力度等方面进行生态流量监督管理。

（1）开展中小河流水能资源开发规划的修编。2017 年 9~11 月，宜昌市水利和湖泊局组织对 23 个中小河流水能资源开发规划进行了修编，涉及全市 19 条河流，该修编方案取消了原规划方案中未开工建设的 81 座水电站的修建工作。

（2）加强小型水电站生态流量泄放监督及整改工作。2017 年 8 月，宜昌市人民政府印发《宜昌市小型水电站生态流量泄放工作实施方案》，成立了以水利、环保、发改、经信等相关部门为成员单位的领导小组，9 个县市区成立了领导小组并印发了实施方案。为统一生态流量泄放标准，宜昌市水利和湖泊局联合宜昌市环境保护局印发《关于开展小型水电站生态流量泄放核定工作的通知》，目前相关县市区水务局、生态环境局已完成辖区内小型水电站生态流量的共同核定，明确了泄放设施和标准。

（3）加快小水电站生态流量监测工程建设。2017 年 9 月，宜昌市率先在兴山县古洞口水电站、满天星水电站、猴子包水电站、朝天吼水电站 4 座水电站进行了生态流量监督管理系统试点建设，目前已通过湖北省水利厅组织的现场验收。2018 年 4 月宜昌市水利和湖泊局召开专题会议，研究部署加快生态流量泄放监测系统建设工作。会议要求所有纳入"十三五"农村水电增效扩容项目、在建的小水电扶贫项目、小水电代燃料项目的水电站必须安装生态理论远程监控系统。夷陵区计划对 38 座水电站安装监控系统；秭归县计划对 20 座水电站安装监控系统；长阳土家族自治县计划对"十三五"农村水电增效扩容项目、小水电扶贫项目和小水电代燃料项目的监控系统安装到位；宜都市计划对 11 座水电站安装监控系统；当阳市计划对"十三五"农村水电增效扩容项目安装监控系统；远安县已结合山洪灾害治理项目安装了 5 座水电站的生态流量监测系统。

---

① 神农架林区水利和湖泊局网站，2019. 神农架林区水电站生态放流监督公示.

（4）加大生态流量泄放监督检查力度。宜昌市水利和湖泊局多次深入县市区及黄柏河、香溪河流域等现场，检查督导水电站生态流量泄放工作。2018年1月，宜昌市小型水电站生态流量泄放工作领导小组办公室组织宜昌市水利和湖泊局、市生态环境局、市发展和改革委员会、市经济和信息化委员会等成员单位成立专项检查组，对全市小型水电站生态流量泄放情况进行现场抽查，对达不到要求的进行督办，并限期进行整改。宜昌市水利和湖泊局还对全市466座运行水电站的生态流量泄放情况开展了明察暗访，根据检查情况，各检查组对生态流量泄放不合格的小型水电站现场下发《责令停止违法行为通知书》。

3）恩施土家族苗族自治州

恩施土家族苗族自治州主要从严格控制小水电开发、加强水电站生态流量监督、推进小水电关停等方面开展生态流量的监督管理工作。

（1）严格控制小水电开发。恩施土家族苗族自治州水能资源丰富，全州已建水电站300余座，水能资源开发率已接近80%。水电建设快速发展，对促进恩施土家族苗族自治州经济社会发展发挥了重要作用，但一些水电站下泄的生态流量不足，使部分河段减水甚至干涸，影响了河流的正常生态功能。为保护河流生态环境，推进生态文明建设，2017年，经恩施土家族苗族自治州人民政府同意，州发展和改革委员会、州水利水产局、州环境保护局联合下发了《关于规范小水电开发有关事项的通知》，要求全州暂停规划、审批装机容量10 000 kW以下的新建水电站项目（已建水电站增效扩容改造和在建水电站重大设计变更除外）；位于自然保护区、国家重点风景名胜区、集中式饮用水源地及其他具有特殊保护价值的地区内的水电站项目，禁止开发[①]。

（2）加强水电站生态流量监督。2014年，恩施州水利水产局、恩施州环境保护局、国网恩施供电公司联合出台了《关于加强水电站生态流量监督管理工作的通知》，要求恩施土家族苗族自治州在建和新建水电站，必须设置生态流量泄放设施；对2003年以来开工并已投产的小水电站，必须按要求设置生态流量泄放设施；2003年以前投产的，尽可能增设生态流量泄放设施；对不具备增设生态流量设施条件的，按生态优先原则，优化调度运行，确保按最低生态流量下泄[②]。该通知下发后，对不按要求泄放生态流量的水电站进行整改，取得初步成效。但水电站是否按要求泄放生态流量，主管部门缺乏有效的监督管理和处罚手段。为进一步加强和规范水电站生态流量管理，保护河流生态环境，推进水生态文明建设，2017年8月，经州人民政府同意，恩施州水利水产局、恩施州环境保护局、国网恩施供电公司联合下发了《恩施州水电站生态流量监督管理办法》（试行），该办法明确了水电站生态流量确定方法、泄放措施、监督管理部门职责和处罚措施，对新建、已建、在建水电站的生态流量分别进行严格规范管理，要求不满足生态流量下泄要求的水电站进行整改，并建立生态流量监控系统，制定水电站下泄流量在线监控管理考核办法，对全州水电站生态流量泄放情况进行实时监控。

[①]恩施土家族苗族自治州发展和改革委员会等，2017. 关于规范小水电开发有关事项的通知。
[②]恩施州水利水产局等，2014. 关于加强水电站生态流量监督管理工作的通知。

（3）推进小水电关停。恩施土家族苗族自治州水电站多数为民营，缺乏改造资金。恩施土家族苗族自治州推行水电业重组政策，让有实力和社会责任感的能源国企收购，进行生态流量设施改造。根据《恩施州水电站生态流量监督管理办法》（试行），对生态环境影响大、社会反映强烈、地处敏感位置、无法修复改造的水电站，各县市人民政府应逐步关闭。

参 考 文 献

长江水利网, 2023. 长江委跨省江河流域水量分配工作圆满完成[EB/OL]. (2023-11-01)[2023-12-20]. http://www.cjw.gov.cn/xwzx/cjyw/202311/t20231101_46720.shtml.

成波, 王培, 李志军, 等, 2022. 长江流域生态流量管理服务平台建设探讨[J]. 长江技术经济, 6(1): 9-14.

林育青, 陈求稳, 2020. 生态流量保障相关问题研究[J]. 中国水利, 15: 26-28.

全国人民代表大会常务委员会, 2020. 中华人民共和国长江保护法[A]. 北京: 全国人民代表大会常务委员会.

权燕, 2020. 突出"五个着力"保障四川河湖生态[J]. 中国水利(15): 75-76.

水艳, 李丽华, 喻光晔, 2015. 淮河流域系统开展生态需水研究的现状与趋势分析[J]. 治淮, 1: 25-26.

涂敏, 易燃, 2019. 长江流域生态流量管理实践及建议[J]. 中国水利(17): 64-66, 61.

徐少军, 2020. 坚持生态流量泄放 维护湖北河湖健康[J]. 中国水利(15): 68-69.

周瑾, 2023. 首个数字孪生流域建设重大项目审批立项[N]. 人民长江报, 2023-04-22(001).

第3章
长江流域典型支流生态流量保障调查

3.1 清江流域生态流量保障调查

3.1.1 流域概况

清江为长江右岸一级支流，因江水清澈而得名。清江流域地处湖北省西南部，位于东经 108°35′~111°35′，北纬 29°33′~30°50′。东邻江汉平原，南与澧水流域相接，西与乌江流域接界，北与长江三峡地区相邻，流域形状南北窄而东西长，干流全长 423 km，流域面积 1.67 万 km²，多年平均径流量 141 亿 m³，其中恩施土家族苗族自治州境内干流长度约 275 km，流域面积约 1.17 万 km²。

清江发源于湖北省利川市西部都亭山西麓，自上而下流经利川市、恩施市、咸丰县、宣恩县、建始县、鹤峰县、巴东县、长阳土家族自治县、五峰土家族自治县和宜都市等县市，于宜都市陆城街道注入长江，干流全长 423 km，总落差 1 430 m。清江按河谷地形及河道特性划分为上游、中游、下游三段。上游段从河源至恩施市，长约153 km，属高山河型，总落差 1 070 m，占干流总落差的 75%，平均比降 6.5‰，集水面积约 0.37 万 km²；中游段从恩施市至长阳土家族自治县资丘镇，长约 160 km，总落差约 280 m，平均比降 1.8‰，河道绝大部分经过深山峡谷，属山地河型，集水面积约0.98 万 km²；下游段从资丘镇至宜都市入长江，长约 110 km，属半山地河型，总落差约 80 m，河床平均比降 0.73‰，集水面积约 0.35 万 km²。

清江流域支流众多，左岸各级支流有49条，右岸有56条，其中一级支流有25条，流域面积在 500 km² 以上的有忠建河、马水河、野三河、龙王河、泗渡河、丹水、渔洋河 7 条，1 000 km² 以上的有忠建河、马水河、野三河、渔洋河 4 条。

3.1.2 流域水利水电工程开发建设情况

1. 清江干流水利水电工程开发建设情况

清江干流目前从上至下已建成三渡峡水电站、雪照河水电站、大河片水电站、天楼地枕水电站、龙王塘水电站、大龙潭水电站、红庙水电站、水布垭水电站、隔河岩水电站、高坝洲水电站 10 座梯级，总装机容量 3 384.59 MW。其中，红庙水电站已于2018 年退出运行。已建梯级的各项特征指标见表 3.1。

表 3.1　清江干流已建梯级特征指标

序号	梯级名称	建设地点	坝址控制流域面积/km²	多年平均流量/（m³/s）	正常蓄水位/m	开发方式	水库调节能力	装机容量/MW	投产年份
1	三渡峡水电站	利川市	420	10.65	1 083.5（吴淞）	混合式	日调节	0.64	1964
2	雪照河水电站	利川市	1 028	24.91	908.2	引水式	日调节	10.4	1983
3	大河片水电站	利川市	1 188	28.9	785.6	引水式	无	8.5	1987
4	天楼地枕水电站	恩施市	1 906	56	571.5	引水式	无	25.2	1993
5	龙王塘水电站	恩施市	2 200	61.7	485	引水式	日调节	14.1	1978
6	大龙潭水电站	恩施市	2 396	70.3	461	混合式	季调节	30	2005
7	红庙水电站	恩施市	3 100	84.7	425	引水式	日调节	3.75	1986
8	水布垭水电站	巴东县	10 860	298	400（吴淞）	坝后式	多年调节	1 840	2008
9	隔河岩水电站	长阳土家族自治县	14 430	403	200（吴淞）	河床式	年调节	1 200	1993
10	高坝洲水电站	宜都市	15 650	444	80（吴淞）	河床式	日调节	252	1999

注：除特别标注外，其他均为黄海高程。

2. 清江主要支流水利水电工程开发建设情况

清江流域支流众多，流域面积在 500 km² 以上的一级支流有忠建河、马水河、野三河、龙王河、泗渡河、丹水、渔洋河 7 条，下面对主要支流忠建河、马水河、野三河梯级开发情况进行介绍。

1）忠建河

忠建河是清江中游右岸支流，地处东经 109°3′~109°50′，北纬 29°37′~30°13′。河流发源于咸丰县柿子坪，于宣恩县石槽水附近注入清江，其中宣恩县境内河段长约72 km。干流全长 120 km，流域面积 1 656 km²，总落差 424 m，主河道平均比降3.123‰，多年平均径流量约 8 亿 m³。忠建河干流已建成三座梯级，从上至下依次为桐子营水电站、龙洞水电站和洞坪水电站。忠建河梯级建设情况见表 3.2。

表 3.2　忠建河已建梯级特征指标

项目	已建梯级		
	桐子营水电站	龙洞水电站	洞坪水电站
建设地点	宣恩县	宣恩县	宣恩县
坝址控制流域面积/km²	503	735	1 420.5
多年平均流量/（m³/s）	17.1	26.6	46.4
正常蓄水位/m	618	550	490

项目	已建梯级		
	桐子营水电站	龙洞水电站	洞坪水电站
总库容/亿 m³	0.77	0.52	3.43
水库调节能力	年调节	不完全年调节	年调节
装机容量/MW	24	28	110
建设情况	已建	已建	已建
建成年份	2012	1993	2006

2）马水河

马水河是清江左岸支流，发源于建始县长梁乡铁厂坪，在沙地乡汇入清江。马水河河长 102 km，流域面积 1 709 km²，多年平均流量 56.9 m³/s。上游河道蜿蜒曲折，水流湍急，河床多卵石，河宽 30～50 m，河道平均比降 5.1‰，沿河分布有多处河谷阶地，两岸支流众多。目前，马水河干流已建成两座梯级，分别为小溪口水电站和老渡口水电站，梯级基本信息见表 3.3。

表 3.3　马水河已建梯级特征指标

项目	已建梯级	
	小溪口水电站	老渡口水电站
建设地点	建始县	恩施市
坝址控制流域面积/km²	766	1 650
多年平均流量/（m³/s）	19.4	50.5
正常蓄水位/m	538	480
总库容/亿 m³	0.66	2.25
水库调节能力	年调节	季调节
装机容量/MW	30	90
建设情况	已建	已建
建成年份	1999	2009

3）野三河

野三河是清江左岸一级支流，位于北纬 30°23′～30°49′，东经 109°53′～110°20′。野三河发源于巴东县绿葱坡镇袁家荒村，向西南流经巴东县、建始县后，继续向南流至花坪乡野三口入清江。干流河长 59.8 km，流域面积 1 092 km²，从河源至河口总落差 1 467 m，河道平均比降为 25‰。流域多年平均降水量 1 322 mm，多年平均流量 26.12 m³/s，多年平均径流总量 8.19 亿 m³。目前，野三河干流已建成一座水电站，为野三河水电站。野三河水电站位于建始县高坪镇，坝址以上控制流域面积 453.6 km²，水库正常蓄水位为 664.00 m，总库容为 1.933 亿 m³，水电站装机容量为 2×25 MW，多年平均发电量为 1.642 4 亿 kW·h。

3.1.3　生态流量管控要求及影响分析

1. 生态流量管控要求

清江流域大量梯级电站修建年代较早，限于当时的生态环境保护认知水平较低，均未对坝下泄放生态流量提出要求，工程设计未预留生态用水量，未建设河道生态泄流设施。河湖生态流量是维持和保障河湖健康的基础，随着生态环境保护认识的不断提升，水利部开展了重点河湖生态流量（水量）研究及保障方案的编制工作。2020 年以来，湖北省水利厅印发实施了《第一批重点河湖生态流量（水位）保障目标》《省水利厅关于公布 2020 年全省工程生态基流重点监管名录的通知》等。根据 2018 年 12 月水利部、国家发展改革委、生态环境部、国家能源局联合发布的《关于开展长江经济带小水电清理整改工作的意见》，恩施土家族苗族自治州各县市制订了小水电清理整改"一站一策"工作方案。

以上文件规定了清江流域主要控制断面的生态流量，并针对小水电生态流量核定、生态流量泄放设施、监测设施建设等方面，逐站制订了相应的整改措施。清江流域已建梯级生态流量指标如表 3.4 所示。

表 3.4　清江流域已建梯级生态流量指标

河流	梯级名称	投产年份	生态流量/（m³/s）
清江干流	三渡峡水电站	1964	1.13
	雪照河水电站	1983	2.51
	大河片水电站	1987	2.97
	天楼地枕水电站	1993	5.38
	龙王塘水电站	1978	6.17
	大龙潭水电站	2005	6.95
	水布垭水电站	2008	35.0
	隔河岩水电站	1993	46.0
	高坝洲水电站	1999	46.0
马水河	小溪口水电站	1999	1.938
	老渡口水电站	2010	5.05
忠建河	桐子营水电站	2013	1.71
	龙洞水电站	1993	2.66
	洞坪水电站	2006	3.24
野三河	野三河水电站	2012	1.14

2. 生态流量影响分析

《长江流域综合规划（2012—2030 年）》、湖北省《第一批重点河湖生态流量（水位）保障目标》等文件对清江流域生态流量提出的主要控制断面包括恩施、水布垭、隔河岩、高坝洲等。根据水布垭和隔河岩 2018～2022 年监测资料，对已确定的生态流量目标值的日均满足程度进行分析，水布垭断面各年达标百分比分别为 90%、85%、100%、100%、98.1%；隔河岩断面各年达标百分比分别为 47%、13%、98%、100%、99.7%。清江干流水布垭和隔河岩断面 2018～2022 年生态流量满足程度见表 3.5。

表 3.5 清江流域主要控制断面生态流量达标情况统计

控制断面	控制断面类型	日均流量满足控制指标的全年百分比/%				
		2018 年	2019 年	2020 年	2021 年	2022 年
水布垭	重要水库	90	85	100	100	98.1
隔河岩	重要水库	47	13	98	100	99.7

3.1.4 工程生态流量保障措施

1. 流域主要大中型水利水电工程生态流量保障措施

流域内重要大中型水利水电工程主要有水布垭水电站、隔河岩水电站、高坝洲水电站、老渡口水电站、洞坪水电站等。

流域大中型水利水电工程建设较早，建设时大部分未对生态流量下泄做具体要求，也未专门设计生态流量泄放设施。从生态流量保障措施来看，大中型水利水电工程主要通过保障基荷发电下泄生态流量。其中，水布垭水电站下游与隔河岩水电站的水位相衔接，隔河岩水电站坝下与高坝洲水电站的水位相衔接，基本可以保障不断流。

2. 流域小水电站生态流量保障措施

《湖北省清江流域水生态环境保护条例》对清江流域水利水电工程生态流量保障做出了相关规定，要求清江流域内的水电站应当配套建设生态流量泄放设施，合理安排闸坝下泄水量，保证最小下泄生态流量不低于本河段多年平均径流流量的 10%。来水流量不能满足最小下泄生态流量的，来水流量应当全部泄放。配套建设的生态流量泄放设施未建成、未经验收或者验收不合格的，水电站不得投入生产。

根据 2018 年 12 月水利部、国家发展改革委、生态环境部、国家能源局联合发布的《关于开展长江经济带小水电清理整改工作的意见》，湖北省水利厅、湖北省发展和改革委员会、湖北省生态环境厅和湖北省能源局于 2019 年 3 月印发《湖北省长江经济带小水电清理整改工作实施方案》。按照以上文件要求，恩施土家族苗族自治州各县市制订了小水电清理整改"一站一策"工作方案，对全州范围内的小水电（指装机容量5万kW及以下的水电站）梳理排查，重点核查小水电的合法合规性手续、生态流量、生态流量泄放设施、监测设施建设等方面，逐站制订相应的整改措施。

根据《关于长江经济带小水电清理整改工作验收销号备案的报告》[①]，恩施土家族苗族自治州纳入长江经济带小水电清理整改范围的水电站共计294座，其中列入整改类的水电站有268座，退出类的水电站有17座，保留类的水电站有9座。268座整改类水电站已经全部整改销号，生态流量泄放设施和在线监控已安装到位。清江流域主要工程生态流量保障措施如表3.6所示。

表3.6　清江流域主要工程生态流量保障措施

河流	梯级名称	泄放措施
清江干流	三渡峡水电站	生态泄水管
	雪照河水电站	泄流闸
	大河片水电站	泄流槽
	天楼地枕水电站	闸门泄流
	龙王塘水电站	生态泄水管
	大龙潭水电站	生态机组
	水布垭水电站	电站保安自备电厂
马水河	小溪口水电站	生态机组
	老渡口水电站	高压闸阀
忠建河	桐子营水电站	尾水蝶阀限位
	龙洞水电站	生态泄水管
野三河	野三河水电站	生态泄水管

3.1.5　生态流量监督管理模式

1. 有关法律法规及文件要求

清江流域生态流量监督管理主要依据湖北省恩施土家族苗族自治州、宜昌市有关规

---

①恩施州水利和湖泊局，恩施州发展和改革委员会，恩施州生态环境局，恩施州林业局，恩施州自然资源和规划局，2020.关于长江经济带小水电清理整改工作验收销号备案的报告。

定开展。

《湖北省清江流域水生态环境保护条例》规定，省人民政府水行政主管部门应当加强清江流域水资源的统一调度，科学确定清江流域各河道的生态流量，保证生态用水需求，重点保障枯水期生态基流。清江流域县级以上人民政府及其水行政、生态环境等有关主管部门应当核定本行政区域内每个水电站的生态流量，建立生态流量监控平台，实现对流域内水电站生态流量泄放情况的实时监控（湖北省人民代表大会常务委员会，2019）。

2017 年 8 月，恩施土家族苗族自治州出台《恩施州水电站生态流量监督管理办法》（试行），对水电站生态流量确定方法、泄放措施、监督管理部门职责和处罚措施均进行了明确规定，对新建、已建、在建水电站生态流量泄放措施提出了分类要求。

2022 年 8 月，湖北省水利厅、湖北省生态环境厅联合印发《湖北省小水电站生态流量监督管理办法（试行）》的通知，要求小水电站生态流量实行属地监管，由水行政主管部门牵头，生态环境主管部门配合按照各自职责负责相关工作。水行政主管部门负责生态流量日常监督管理工作；生态环境主管部门负责配合同级水行政主管部门开展小水电站生态流量核定和生态流量泄放监督检查等工作。各级水行政主管部门充分利用湖北省农村小水电站和水库生态流量下泄监测平台（以下简称省级监测平台），采用线上核查和线下检查相结合的方式，开展监督检查（湖北省水利厅和湖北省生态环境厅，2022）。

2. 生态流量目标确定

湖北省水利厅依据《水利部关于做好河湖生态流量确定和保障工作的指导意见》，制定了清江流域重点河湖生态流量保障目标，包括水布垭断面、高坝洲断面等主要控制断面的生态基流，以及大龙潭水电站、隔河岩水电站、洞坪水电站、老渡口水电站等主要管控对象及其最小下泄流量建议值。

恩施土家族苗族自治州和宜昌市水行政主管部门依据管辖权限，对区域内清江流域其他主要控制断面、管控对象的下泄流量进行了核定。

3. 监控平台建设

湖北省从 2019 年开始建设湖北省农村小水电站和水库生态流量下泄监测平台，将 1 302 座装机容量 200 kW 以上的水电站、12 座装机容量 200 kW 以下的水电站和 87 座大中型水库纳入监控，实现了下泄生态流量监测业务数据的自动采集、智能处理、分析评价、发布共享等功能。图 3.1 为湖北省生态流量下泄监测平台界面。

（a）登录界面

（b）测点信息管理界面

图 3.1　湖北省生态流量下泄监测平台（图片源自湖北水翼信息技术有限公司网站，2020 年）

3.2 白龙江流域生态流量保障调查

3.2.1 流域概况

白龙江是嘉陵江右岸最大的支流，发源于四川省、甘肃省、青海省交界处西倾山东侧郭尔莽梁北麓的甘肃省碌曲县郎木寺附近，曲折东南流，经过四川省若尔盖县及甘肃省迭部县、舟曲县、武都区，复进入四川省，经青川县、昭化区汇入嘉陵江。河道全长 562 km，其中甘肃省境内 475 km。白龙江流域面积为 31 562 km²，甘川省界以上流域面积 26 723 km²，其中甘肃省境内面积 18 127 km²，自上而下的较大支流有达拉沟、多儿沟、腊子沟、岷江、拱坝河、白水江、大团鱼河等。

3.2.2 流域水利水电工程开发建设情况

白龙江干流已（在）建梯级共 36 级。白龙江干流尼什峡以上河段已（在）建梯级 3 级，分别为亚古水电站、行政水电站、白云水电站，除行政水电站在建外，亚古水电站和白云水电站均为已建工程。尼什峡至沙川坝河段已（在）建梯级 13 级，分别为尼什峡水电站、卡坝班九水电站、尼傲加尕水电站、尼傲峡水电站、九龙峡水电站、花园峡水电站、水泊峡水电站、代古寺水电站、巴藏水电站、大立节水电站、喜儿沟水电站、凉风壳水电站、锁儿头水电站，除巴藏水电站在建外，其余 12 级均为已建工程。《白龙江干流尼什峡至沙川坝河段梯级开发规划调整报告》提出的规划开发方案已全部实施。沙川坝至苗家坝河段已（在）建梯级共 15 级，分别为虎家崖水电站、南峪水电站、两河口水电站、石门坪水电站、沙湾水电站、白鹤桥水电站、石门水电站、拱坝河口水电站、锦屏水电站、汉王水电站、椒园坝水电站、大园坝水电站、橙子沟水电站、临江水电站、苗家坝水电站，除拱坝河口水电站为在建工程外，其余 14 级均为已建工程。苗家坝至白龙江河口段已建碧口水电站、麒麟寺水电站、宝珠寺水电站、紫兰坝水电站、昭化水电站 5 级。白龙江干流已（在）建梯级基本情况见表 3.7。

3.2.3 生态流量管控要求及影响分析

1. 甘肃省境内水电站管控要求

为贯彻落实甘肃省委省政府关于生态环境保护工作的安排部署，切实做好全省水电站生态下泄流量问题整改工作，甘肃省水利厅于 2018 年印发了《甘肃省水利厅关于严格落实水电站最小下泄流量的通知》，甘肃省境内白龙江干流水电站的最小下泄流量见表 3.8。

表3.7　白龙江干流已（在）建梯级基本情况统计表

序号	梯级名称	工程所在地	主要开发任务	工程状态	开工年份	完工年份	正常蓄水位/m	总库容/（万m³）	调节性能	装机容量/kW	开发方式
1	亚古水电站	甘肃省甘南藏族自治州迭部县	发电	已建	2006	2008	—	—	无调节	5 100	引水式
2	行政水电站	甘肃省甘南藏族自治州迭部县	发电	在建	2009	—	—	—	无调节	8 000	引水式
3	白云水电站	甘肃省甘南藏族自治州迭部县	发电	已建	1972	1974	—	—	无调节	1 600	引水式
4	尼什峡水电站	甘肃省甘南藏族自治州迭部县	发电、兼顾防洪等	已建	1969	1974	2 210.5	—	无调节	10 000	引水式
5	卡坝班九水电站	甘肃省甘南藏族自治州迭部县	发电	已建	2004	2010	—	—	无调节	15 000	引水式
6	尼傲加汆水电站	甘肃省甘南藏族自治州迭部县	发电	已建	2004	2006	2 068.0	45	日调节	12 900	坝后式
7	尼傲峡水电站	甘肃省甘南藏族自治州迭部县	发电	已建	1993	2003	2 015.0	—	日调节	12 000	引水式
8	九龙峡水电站	甘肃省甘南藏族自治州迭部县	发电	已建	2010	2016	1 962.0	1475	日调节	81 000	引水式
9	花园峡水电站	甘肃省甘南藏族自治州迭部县	发电	已建	2009	2013	1 835.0	704	无调节	60 000	引水式
10	水泊沟水电站	甘肃省甘南藏族自治州迭部县	发电	已建	2006	2010	1 770.0	250	日调节	57 000	引水式
11	代古寺水电站	甘肃省甘南藏族自治州迭部县	发电	已建	2007	2012	1 705.0	1072	日调节	87 000	引水式
12	巴藏水电站	甘肃省甘南藏族自治州舟曲县	发电	在建	2008	—	1 625.0	630	日调节	51 000	坝后式
13	大立节水电站	甘肃省甘南藏族自治州舟曲县	发电	已建	2007	2010	1 581.0	—	无调节	40 200	引水式
14	喜儿沟水电站	甘肃省甘南藏族自治州舟曲县	发电	已建	2007	2018	1 538.0	131	日调节	72 000	引水式
15	凉风壳水电站	甘肃省甘南藏族自治州舟曲县	发电	已建	2011	2014	1 469.0	84	无调节	52 500	引水式
16	锁儿头水电站	甘肃省甘南藏族自治州舟曲县	发电	已建	2007	2014	1 383.0	40	无调节	66 000	引水式
17	虎家崖水电站	甘肃省甘南藏族自治州舟曲县	发电	已建	2005	2008	1 313.5	—	无调节	28 000	引水式
18	南峪水电站	甘肃省甘南藏族自治州舟曲县	发电	已建	2010	2018	1 282.0	32	无调节	20 000	引水式

续表

序号	梯级名称	工程所在地	主要开发任务	工程状态	开工年份	完工年份	正常蓄水位/m	总库容/(万 m³)	调节性能	装机容量/kW	开发方式
19	两河口口水电站	甘肃省甘南藏族自治州舟曲县	发电	已建	2002	2007	1 259.7	—	无调节	18 000	引水式
20	石门坪水电站	甘肃省甘南藏族自治州舟曲县	发电	已建	2004	2006	1 223.0	17	无调节	15 000	引水式
21	沙湾水电站	甘肃省陇南市宕昌县	发电	已建	2008	2015	1 192.0	51	无调节	51 000	引水式
22	白鹤桥水电站	甘肃省陇南市武都区	发电	已建	1988	1993	1 141.0	62	无调节	11 000	引水式
23	石门口水电站	甘肃省陇南市武都区	发电	已建	2007	2009	1 068.0	—	无调节	15 000	引水式
24	拱坝河口水电站	甘肃省陇南市武都区	发电	在建	2014	—	1 039.0	—	无调节	18 000	引水式
25	锦屏水电站	甘肃省陇南市武都区	发电	已建	2014	2018	1 031.0	—	无调节	18 000	引水式
26	汉王水电站	甘肃省陇南市武都区	发电	已建	2007	2013	985.0	41	无调节	24 000	引水式
27	椒园坝水电站	甘肃省陇南市武都区	发电	已建	2007	2011	934.1	71	无调节	25 000	引水式
28	大园坝水电站	甘肃省陇南市武都区	发电	已建	2013	2017	913.6	12.4	无调节	36 000	引水式
29	橙子泡水电站	甘肃省陇南市武都区、文县	发电	已建	2007	2014	892.0	280	日调节	115 000	引水式
30	临江水电站	甘肃省陇南市文县	发电	已建	2002	2005	824.8	—	无调节	1 260	引水式
31	苗家坝水电站	甘肃省陇南市文县	发电	已建	2008	2014	800.0	26 800	日调节	240 000	坝后式
32	碧口水电站	甘肃省陇南市文县	发电、兼有防洪、灌溉、渔业等	已建	1967	1979	705.0	52 100	季调节	330 000	坝后式
33	麒麟寺水电站	甘肃省陇南市文县	发电	已建	2005	2007	613.0	2 970	日调节	111 000	坝后式
34	宝珠寺水电站	四川省广元市利州区三堆镇	发电、兼有防洪、灌溉	已建	1984	1996	588.0	25 5000	不完全年调节	700 000	坝后式
35	紫兰坝水电站	四川省广元市利州区宝轮镇	发电、兼有改善下游航运	已建	2003	2007	488.0	3 920	日调节	102 000	坝后式
36	昭化水电站	四川省广元市昭化区昭化镇	发电、兼有灌溉、生态用水、航运等	已建	2010	2012	466.0	3 209	日调节	600 00	坝后式

表 3.8 甘肃省境内白龙江干流水电站最小下泄流量表

序号	水电站名称	工程所在地	调节性能	装机容量/kW	开发方式	最小下泄流量/（m³/s）	
						枯水期	丰水期
1	亚古水电站	甘肃省甘南藏族自治州迭部县	无调节	5 100	引水式	1.76	2.04
2	行政水电站	甘肃省甘南藏族自治州迭部县	无调节	8 000	引水式	1.96	2.27
3	白云水电站	甘肃省甘南藏族自治州迭部县	无调节	1 600	引水式	1.96	2.28
4	尼什峡水电站	甘肃省甘南藏族自治州迭部县	无调节	10 000	引水式	1.99	2.31
5	卡坝班九水电站	甘肃省甘南藏族自治州迭部县	无调节	15 000	引水式	2.2	2.56
6	尼傲加尕水电站	甘肃省甘南藏族自治州迭部县	日调节	12 900	坝后式	—	—
7	尼傲峡水电站	甘肃省甘南藏族自治州迭部县	日调节	12 000	引水式	4.5	6.02
8	九龙峡水电站	甘肃省甘南藏族自治州迭部县	日调节	81 000	引水式	4.69	6.28
9	花园峡水电站	甘肃省甘南藏族自治州迭部县	无调节	60 000	引水式	5.7	7.63
10	水泊峡水电站	甘肃省甘南藏族自治州迭部县	日调节	57 000	引水式	6.49	9.17
11	代古寺水电站	甘肃省甘南藏族自治州迭部县	日调节	87 000	引水式	7.44	10.51
12	巴藏水电站	甘肃省甘南藏族自治州舟曲县	日调节	51 000	坝后式	7.52	10.63
13	大立节水电站	甘肃省甘南藏族自治州舟曲县	无调节	40 200	引水式	7.67	10.84
14	喜儿沟水电站	甘肃省甘南藏族自治州舟曲县	日调节	72 000	引水式	7.87	11.12
15	凉风壳水电站	甘肃省甘南藏族自治州舟曲县	无调节	52 500	引水式	8.03	11.35
16	锁儿头水电站	甘肃省甘南藏族自治州舟曲县	无调节	66 000	引水式	8.33	11.77
17	虎家崖水电站	甘肃省甘南藏族自治州舟曲县	无调节	28 000	引水式	8.42	11.89
18	南峪水电站	甘肃省甘南藏族自治州舟曲县	无调节	20 000	引水式	8.5	12
19	两河口水电站	甘肃省甘南藏族自治州舟曲县	无调节	18 000	引水式	8.5	12.01
20	石门坪水电站	甘肃省甘南藏族自治州舟曲县	无调节	15 000	引水式	10.79	13.78
21	沙湾水电站	甘肃省陇南市宕昌县	无调节	51 000	引水式	9.49	12.09
22	白鹤桥水电站	甘肃省陇南市武都区	无调节	11 000	引水式	10.67	13.61
23	石门水电站	甘肃省陇南市武都区	无调节	15 000	引水式	11.28	14.38
24	拱坝河口水电站	甘肃省陇南市武都区	无调节	18 000	引水式	11.51	14.66
25	锦屏水电站	甘肃省陇南市武都区	无调节	18 000	引水式	12.48	15.91
26	汉王水电站	甘肃省陇南市武都区	无调节	24 000	引水式	13.11	16.72
27	椒园坝水电站	甘肃省陇南市武都区	无调节	25 000	引水式	13.17	16.79
28	大园坝水电站	甘肃省陇南市武都区	无调节	36 000	引水式	13.61	17.36
29	橙子沟水电站	甘肃省陇南市武都区、文县	日调节	115 000	引水式	13.82	17.62
30	临江水电站	甘肃省陇南市文县	无调节	1 260	引水式	14.07	17.94
31	苗家坝水电站	甘肃省陇南市文县	日调节	240 000	坝后式	—	—
32	碧口水电站	甘肃省陇南市文县	季调节	330 000	坝后式	—	—
33	麒麟寺水电站	甘肃省陇南市文县	日调节	111 000	坝后式	—	—

2. 四川省境内水电站管控要求

白龙江干流在四川省境内有宝珠寺水电站、紫兰坝水电站、昭化水电站 3 个梯级。宝珠寺水电站和紫兰坝水电站分别具有不完全年调节能力和日调节能力，两水电站库尾完全衔接天数达 94.6%，业主均为华电四川发电有限公司。白龙江三磊坝断面位于宝珠寺水电站坝址下游约 15 km、紫兰坝水电站坝址下游约 1 km 处，《水利部关于印发第二批重点河湖生态流量保障目标的函》确定的三磊坝断面生态基流为 33.3 m^3/s（水利部，2020）。

水利部长江水利委员会 2018 年批复的《白龙江宝珠寺水电站—紫兰坝水电站水资源联合调度方案》要求紫兰坝水电站通过发电或泄水闸满足最小下泄流量不低于 33.3 m^3/s 的要求。

3. 生态流量影响分析

根据长江流域重要控制断面的水资源监测情况通报，白龙江流域重要控制断面的生态流量满足程度见表 3.9。

表 3.9   白龙江流域重要控制断面的生态流量满足程度统计表

管控对象	类型	日均流量满足控制指标的全年百分比/%				
		2017 年	2018 年	2019 年	2020 年	2021 年
碧口	重要水库	—	91	78	99	96.2
宝珠寺	重要水库	85	82	87	99	99.2
白云	省界断面	80.5	100	100	100	100
白水街	省界断面	—	—	—	99	96.2
三磊坝	水系节点	—	—	—	100	99.5
文县	省界断面	100	100	100	100	100

3.2.4 工程生态流量保障措施

白龙江干流梯级开发程度较高，且开发时间较早，限于早期水电工程建设时的环境保护理念落后和技术水平较低，大部分工程建设时未开展环境影响评价工作，环保措施不够完善。相关工程实施的环保措施主要集中在施工、水土保持和移民安置等方面。生态流量保障、水生生态保护和运行期库区水环境保护等方面的措施存在较大短板。

随着生态环境保护理念的逐渐深化，有关部门对于流域开发过程中产生的生态环境问题愈发重视。水利部、国家发展和改革委员会、生态环境部、国家能源局联合开展了长江经济带小水电清理整改工作，对小水电生态环境突出问题进行了核查评估。为切实做好甘肃省全省水电站生态环境问题整治工作，自 2019 年 3 月起，甘肃省人民政府组织开展了相关工作，要求水电站业主开展水电站环境影响后评价，按后评价要求落实补救方案和改进措施；水利部门组织水资源论证复评，核定各水电站最小下泄流量；市（州）人民政府开展综合评估，提出水电站退出、整改或保留的评估意见。截至 2021 年 7 月底，白龙江干流甘肃省境内33座已（在）建水电站中，有22座已完成环境影响后评价并向生态环境主管部门备案；涉及自然保护区的碧口水电站、大立节水电站、九龙峡水电站、花园峡水电站、水泊峡水电站、代古寺水电站、巴藏水电站均已完成综合评估并形成处置意见；全部水电站均完成了水资源论证复评，核定了最小下泄流量，并将下泄流量数据接入了甘肃省水电站引泄水流量监管系统。

3.2.5 生态流量监督管理模式

1. 甘肃省生态流量监督管理

目前，甘肃省境内白龙江干流已建梯级电站已按照甘肃省水电站生态流量监管工作的总体部署，安装了符合国家技术标准的引水、泄水计量监控设施，并将数据接入甘肃省水电站引泄水流量监管系统。甘肃省水电站引泄水流量监管系统平台界面见图3.2，单个水电站的生态流量监控信息界面见图3.3。

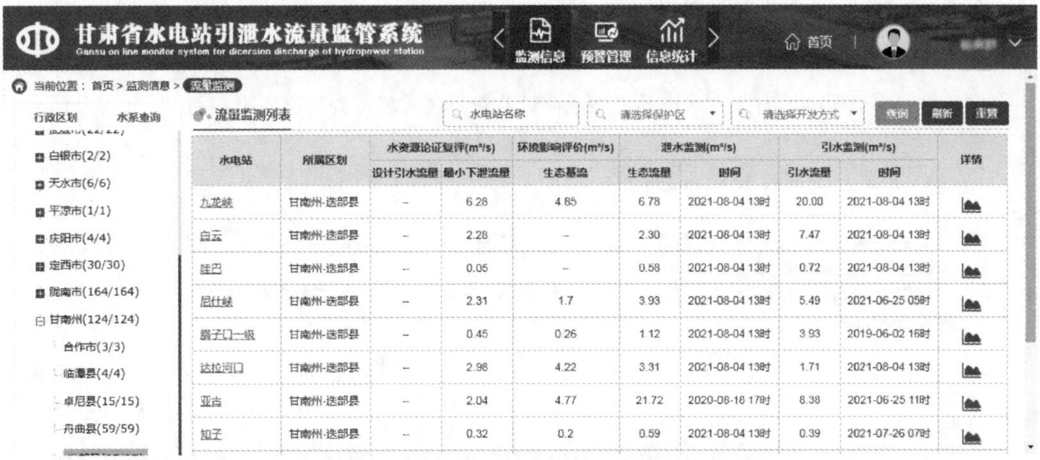

水电站	所属区划	水资源论证复评(m³/s)		环境影响评价(m³/s)	泄水监测(m³/s)		引水监测(m³/s)		详情
		设计引水流量	最小下泄流量	生态基流	生态流量	时间	引水流量	时间	
九龙峡	甘南州-迭部县	--	6.28	4.85	6.78	2021-08-04 13时	20.00	2021-08-04 13时	
白云	甘南州-迭部县	--	2.28	--	2.30	2021-08-04 13时	7.47	2021-08-04 13时	
哇巴	甘南州-迭部县	--	0.05	--	0.58	2021-08-04 13时	0.72	2021-08-04 13时	
尼什峡	甘南州-迭部县	--	2.31	1.7	3.93	2021-08-04 13时	5.49	2021-06-25 05时	
腊子口一级	甘南州-迭部县	--	0.45	0.26	1.12	2021-08-04 13时	3.93	2019-06-02 16时	
达拉河口	甘南州-迭部县	--	2.98	4.22	3.31	2021-08-04 13时	1.71	2021-08-04 13时	
亚古	甘南州-迭部县	--	2.04	4.77	21.72	2020-08-18 17时	8.38	2021-06-25 11时	
知子	甘南州-迭部县	--	0.32	0.2	0.59	2021-08-04 13时	0.39	2021-07-26 07时	

图3.2 甘肃省水电站引泄水流量监管系统平台界面

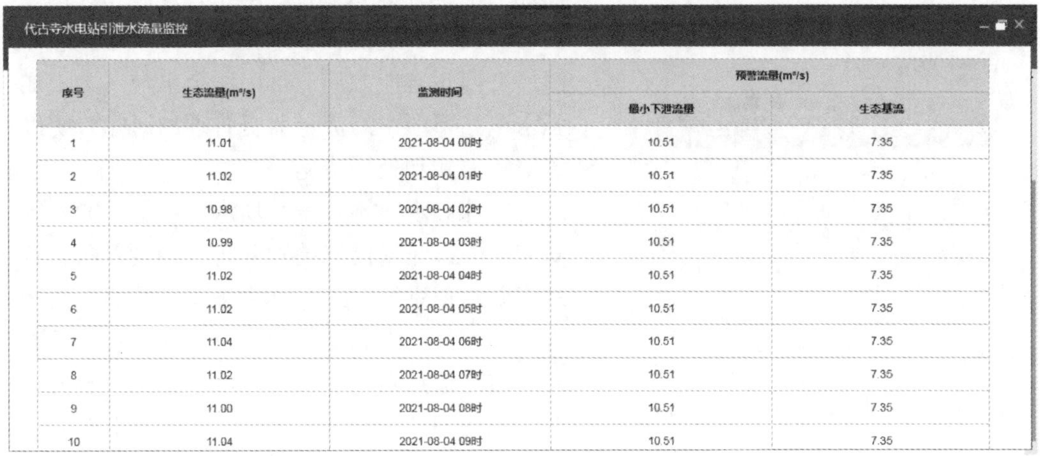

序号	生态流量(m³/s)	监测时间	预警流量(m³/s)	
			最小下泄流量	生态基流
1	11.01	2021-08-04 00时	10.51	7.35
2	11.02	2021-08-04 01时	10.51	7.35
3	10.98	2021-08-04 02时	10.51	7.35
4	10.99	2021-08-04 03时	10.51	7.35
5	11.02	2021-08-04 04时	10.51	7.35
6	11.02	2021-08-04 05时	10.51	7.35
7	11.04	2021-08-04 06时	10.51	7.35
8	11.02	2021-08-04 07时	10.51	7.35
9	11.00	2021-08-04 08时	10.51	7.35
10	11.04	2021-08-04 09时	10.51	7.35

图3.3 单个水电站的生态流量监控信息界面

2019 年 4 月，甘肃省水利厅印发《甘肃省水电站引泄水流量监督管理办法（试行）》[①]，除明确要求水电站需将引泄水流量数据接入甘肃省水电站引泄水流量监管系统外，还对生态流量泄放、监测设施维护、预警信息报送和处置做出了相关规定。目前，甘肃省水利厅已在甘肃省水电站引泄水流量监管系统中实行日通报制度，见图 3.4。

甘肃省水电站引泄水流量监管系统
Gansu on line monitor system for dicersion discharge of hydropower station

通知公告	政策法规	规程规范	更多 >>

省级预警情况通报2021年08月04日   2021-08-04

省级预警情况通报2021年08月03日   2021-08-03

省级预警情况通报2021年08月02日   2021-08-02

省级预警情况通报2021年08月01日   2021-08-01

省级预警情况通报2021年07月31日   2021-07-31

省级预警情况通报2021年07月30日   2021-07-30

图 3.4 甘肃省水电站引泄水流量监管系统省级预警情况通报界面

2. 四川省生态流量监督管理

图 3.5 三磊坝断面生态流量监控情况

2018 年，四川省水利厅、四川省发展和改革委员会、四川省环境保护厅、四川省农业厅、四川省林业厅联合印发了《关于开展全省水电站下泄生态流量问题整改工作的通知》，要求编制"一站一策"，确定水电站最小生态流量，落实泄放措施，增设生态流量在线监测设施。2020 年，四川省水利厅、四川省发展和改革委员会、四川省经济和信息化厅、四川省生态环境厅、四川省能源局五部门联合出台《关于加强水电站下泄生态流量监督管理的通知》，明确了监管方式和处罚措施。

宝珠寺水电站和紫兰坝水电站于 2019 年安装了生态流量监控装置并将数据接入四川省水资源管理系统。三磊坝生态流量监测数据接入水利部长江水利委员会水资源管理重点断面实时监测信息系统及长江流域生态流量监管平台，见图 3.5。昭化水电站采用开启生态流量

[①] 甘肃省水利厅，2019. 甘肃省水电站引泄水流量监督管理办法（试行）。

孔的方式下泄生态流量，生态流量监控数据接入四川省水资源管理系统。

3.3 乌江流域生态流量保障调查

3.3.1 流域概况

乌江是长江上游右岸最大支流，发源于贵州省西北部的乌蒙山东麓，涉及云南省、贵州省、重庆市、湖北省四省（直辖市）。流域总面积 8.79 万 km^2，其中云南省 0.07 万 km^2，占 0.8%；贵州省 6.69 万 km^2，占 76.1%；重庆市 1.58 万 km^2，占 18.0%；湖北省 0.45 万 km^2，占 5.1%。干流全长 1 037 km，其中贵州省境内 802.1 km，黔渝界河段 72.1 km，重庆市境内 162.8 km；天然落差 2 123.5 m。乌江干流可划分为三段，化屋村以上为上游，化屋村至思南县为中游，思南县至涪陵区为下游，各河段长度分别为 325 km、367 km、345 km，流域面积分别为 1.81 万 km^2、3.31 万 km^2、3.67 万 km^2。主要支流有六冲河、猫跳河、清水河、郁江、芙蓉江等。

3.3.2 流域水利水电工程开发建设情况

乌江干流主要水利水电工程包括普定水电站、引子渡水电站、洪家渡水电站、东风水电站、索风营水电站、乌江渡水电站、构皮滩水电站、思林水电站、沙沱水电站、彭水水电站、银盘水电站、白马水电站。目前，12 个梯级中除白马水电站尚在建设外，其他工程均已建成。乌江干流已（在）建梯级基本情况见表 3.10。

3.3.3 生态流量管控要求及影响分析

根据水利部长江水利委员会发布的《2017 年度长江流域重要控制断面水资源监测通报》《2018 年度长江流域重要控制断面水资源监测通报》《2019 年度长江流域重要控制断面水资源监测通报》《2020 年度长江流域重要控制断面水资源监测通报》《2021 年度长江流域重要控制断面水资源监测通报》（水利部长江水利委员会，2022，2021，2020，2019，2018），乌江流域分布有 11 个主要控制断面，2017～2021 年，生态流量达标情况持续好转，在 2020 年和 2021 年，所有控制断面日均流量均满足控制指标要求的天数在 85% 以上，各控制断面资料年限不完全一致，控制断面信息、最小下泄流量控制指标要求及达标情况统计详见表 3.11。

表 3.10　乌江干流已（在）建梯级基本情况统计表

序号	水电站名称	所在河流	开发方式	与河口的距离/km	坝址集水面积/km²	多年平均流量/(m³/s)	正常蓄水位/m	总库容/(亿m³)	调节库容/(亿m³)	调节性能	保证出力/MW	装机容量/MW	年发电量/(亿kW·h)	开发利用现状
1	普定水电站	三岔河	堤坝	799	5 871	120	1 145	4.01	2.478	季调节	13.9	75	3.16	已建
2	引子渡水电站	三岔河	堤坝	747	6 422	140	1 086	4.55	3.22	季调节	46.5	360	9.78	已建
3	洪家渡水电站	六冲河	堤坝	754	9 900	155	1 140	44.97	33.61	多年调节	159.1	600	15.59	已建
4	东风水电站	乌江	堤坝	704	18 161	343	970	10.25	4.91	季调节	236.0	695	29.58	已建
5	索风营水电站	乌江	堤坝	665	21 862	395	837	1.686	0.674	周调节	166.9	600	20.11	已建
6	乌江渡水电站	乌江	堤坝	594	27 790	483	760	23.00	9.28	季调节	332.0	1 250	40.56	已建
7	构皮滩水电站	乌江	堤坝	455	43 250	716	630	55.64	31.54	多年调节	751.8	3 000	96.67	已建
8	思林水电站	乌江	堤坝	366	48 558	844	440	12.05	3.17	周调节	345.1	1 050	40.51	已建
9	沙沱电站	乌江	堤坝	251	54 508	951	360	6.31	4.13	周调节	348.0	1 120	45.45	已建
10	彭水水电站	乌江	堤坝	147	69 000	1 300	293	14.65	5.18	季调节	371.0	1 750	63.51	已建
11	银盘水电站	乌江	堤坝	93	74 910	1 380	215	3.20	0.37	日调节	161.7	645	27.08	已建
12	白马水电站	乌江	堤坝	43	83 690	1 570	184	3.74	0.41	日调节	54.7	480	17.62	在建

表 3.11 乌江流域主要控制断面断面生态流量达标情况统计

序号	控制断面	对应监测站点	断面类型	所在河流	最小下泄流量控制指标 /(m³/s)	日均流量满足控制指标的全年百分比/%					
						2017 年	2018 年	2019 年	2020 年	2021 年	
1	乌江渡	乌江渡水库	水利工程	乌江干流	112.0	80.5	92.9	100.0	100.0	100.0	
2	构皮滩	构皮滩水库	水利工程	乌江干流	190.0	84.1	84.4	100.0	99.0	98.9	
3	思林	思林水库	水系节点	乌江干流	195.0	99.5	99.7	100.0	100.0	98.6	
4	沿河	沿河	省界断面	乌江干流	228.0	98.4	99.5	100.0	100.0	99.2	
5	彭水	彭水（四）	水利工程	乌江干流	280.0	97.5	98.6	99.7	99.0	99.5	
6	武隆	武隆	水系节点	乌江干流	345.0	99.5	100.0	100.0	100.0	100.0	
7	鸭池河	鸭池河（三）	水系节点	鸭池河—六冲河	40.0	98.4	96.2	100.0	100.0	100.0	
8	洪家渡	洪家渡（二）	水利工程	鸭池河—六冲河	14.4	66.6	87.4	88.5	97.0	100.0	
9	贵阳	贵阳（三）	重要城市	乌江—清水江—南明河	1.23	99.9	100.0	100.0	100.0	100.0	
10	大河边	大河边	省界断面	灈河（唐岩河）	3.09	77.8	86.6	70.7	85.0	86.3	
11	浩口	浩口水电站	省界断面、水利工程	芙蓉江	21.5	—	—	—	100.0	96.2	

3.3.4 工程生态流量保障措施

1. 工程措施

流域内重要大中型水利水电工程主要有普定水电站、引子渡水电站、洪家渡水电站、东风水电站、索风营水电站、乌江渡水电站、构皮滩水电站、思林水电站、沙沱水电站、彭水水电站、银盘水电站、白马水电站等。

流域大中型水利水电工程建设较早，建设时大部分未对生态流量下泄做具体要求，也未专门设计生态流量泄放设施。从生态流量保障措施来看，大中型水利水电工程正常情况下主要通过保障基荷发电下泄生态流量，其他情况下通过泄洪设施、机组空载或生态泄放设施满足生态流量要求。乌江流域主要生态流量保障措施如表 3.12 所示。

表 3.12　乌江流域主要生态流量保障措施

序号	水电站名称	下泄生态流量管控目标/（m³/s）	措施
1	普定水电站	12.1	正常情况下最小下泄流量通过机组发电满足，其他情况下通过泄洪设施或生态泄放设施满足
2	引子渡水电站	13.7	正常情况下最小下泄流量通过梯级联合生态调度和发电调度满足，其他情况下通过机组空载或小负荷发电满足
3	洪家渡水电站	14.4	正常情况下最小下泄流量通过机组发电满足，其他情况下通过机组空载或开启泄流设施满足
4	东风水电站	77	
5	索风营水电站	77	
6	乌江渡水电站	112	
7	构皮滩水电站	190	
8	思林水电站	195	
9	沙沱水电站	228	
10	彭水水电站	280	
11	银盘水电站	345	
12	白马水电站	378	

2. 非工程措施

流域内主要水利水电工程一般情况下按照调度规程或调度图进行调度，控制水位使之满足最小下泄流量要求，当库水位降至死水位且入库流量小于最小下泄流量时，按入库流量下泄，天然来水满足生态流量。主要水利水电工程的水量调度方式参考《乌江流域水量调度方案（试行）》，应服从流域水量统一调度，保障河湖基本生态用水，满足流域用水总量控制指标要求和控制断面下泄流量要求，维护河湖健康和良好生态环境。

3.3.5 生态流量监督管理模式

1. 生态流量目标确定

生态流量目标的确定是生态流量监督管理的基本前提。水利部先后印发了四批重点河湖生态流量保障目标，确定了乌江干流乌江渡、沿河、武隆等控制断面的生态流量管控目标；贵州省水利厅与贵州省生态环境厅联合印发《乌江、都柳江、蒙江、潕阳河流域生态流量保障实施方案》《贵州省赤水河等 26 条重点河流生态流量保障实施方案（试行）》，对乌江干流、三岔河、六冲河、清水河、芙蓉江等河流主要控制断面的生态流量保障目标、调度方案、监测预警方案及保障措施等进行了细化，并明确了各主要控制断面生态流量管控责任分工和考核评估要求（贵州省水利厅和贵州省生态环境厅，2021，2020）。

2. 生态流量监测监控

为持续筑牢长江上游生态保护屏障，贵州省不断强化对境内河湖的生态流量监管。2021 年，贵州省水利厅已正式上线运行贵州省河流生态流量监管平台，其由综合监视、概化图监视、监测预警服务、考核管理、统计分析、生态流量巡查等 9 大功能模块组成，实现了对贵州省 33 条重点河湖监测点的实时数据查询、生态流量预警。

3. 生态流量调度调控

开展生态流量调度调控，通过科学统一的调度协调好上下游、左右岸用水关系，做好流域和区域水资源统筹调配，确保生态用水基本需求。水利部长江水利委员会印发《乌江流域水量调度方案（试行）》，要求优化工程调度运行，保障各水库及主要控制断面生态流量和最小下泄流量。

4. 生态流量保障管理

《贵州省乌江保护条例》规定"乌江干流、重要支流和重要湖泊的水利水电等工程应当将生态用水调度纳入日常运行调度规程，建立常规生态调度机制，保证河湖基本生态流量；其下泄流量不符合生态流量泄放要求的，由县级以上人民政府水行政主管部门提出整改措施并监督实施"（贵州省人民代表大会常务委员会，2022）。

同时，2020 年审议通过的《贵州省水资源保护条例》修改增加了"不按照规定下泄生态流量，由县级人民政府水行政主管部门责令停止违法行为，限期恢复原状，处 5 万元以上 10 万元以下的罚款"。其首次明确不符合生态流量管理要求的处罚措施，对水库水电站等工程管理单位优化运行调度、完善重点河湖生态流量保障措施具有重要意义（贵州省人民代表大会常务委员会，2021）。

为规范贵州省小水电站生态流量管理，推进小水电站绿色发展，改善河流水生态环境，贵州省水利厅等四部门印发《贵州省小水电站生态流量监督管理办法（试行）》，强调"在满足生活用水的前提下，保障基本生态用水，并统筹农业、工业用水以及航运等需要"（贵州省水利厅 等，2022）。

3.4 汉江流域生态流量保障调查

3.4.1 流域概况

汉江又称汉水，发源于秦岭南麓，是长江中游最大的支流。汉江干流流经陕西省、湖北省，于武汉市注入长江，干流全长 1 577 km。支流延展于甘肃省、四川省、河南省、重庆市四省（直辖市）。汉江流域面积约 15.9 万 km²，多年平均水资源总量为 573 亿 m³，约占长江流域的 5.8%。汉江干流丹江口以上为上游，河段位于秦岭、大巴山之间，河长 925 km，占汉江总长的 59%，控制流域面积 9.52 万 km²，落差占汉江总落差的 90%。汉江河床比降大，勉县至丹江口河段平均比降约 0.6‰，水能资源丰富，入汇的主要支流左岸有襄河、旬河、夹河、丹江，右岸有任河、堵河（俞超锋，2010）。汉江上游主要为中低山区，占 79%，丘陵占 18%，河谷盆地仅占 3%。丹江口至钟祥为中游，钟祥以下为下游，中下游河长 652 km，占汉江总长的 41%，控制流域面积 6.38 万 km²，中下游以平原为主，入汇的主要支流左岸有唐白河、汉北河，右岸有南河和蛮河。

3.4.2 流域水利水电工程开发建设情况

汉江流域已建或基本建成的主要水利水电工程有石泉水电站、喜河水电站、安康水电站、蜀河水电站、丹江口水电站、王甫洲水电站、崔家营水电站、兴隆水电站、蔺河口水电站、鄂坪水电站、潘口水电站、黄龙滩水电站和鸭河口水电站等，见表 3.13。

3.4.3 生态流量管控要求及影响分析

根据长江流域重要控制断面的水资源监测情况通报，汉江流域分布有 14 个主要控制断面，从 2017 年到 2021 年，生态流量达标情况持续好转，在 2021 年，所有控制断面的日均流量满足控制指标要求的天数在 97% 及以上，控制断面信息、最小下泄流量控制指标要求及达标情况统计详见表 3.14。

表3.13 汉江流域干支流已建主要水利水电工程基本情况

序号	工程名称	所在河流	调节性能	正常蓄水位/m	防洪限制水位/m	死水位/m	调节库容/(亿 m³)	装机容量/MW	综合利用任务
1	石泉水电站	汉江干流	季调节	410	405	400	1.66	225	发电、航运
2	喜河水电站	汉江干流	日调节	362	—	360	0.22	180	发电、航运
3	安康水电站	汉江干流	不完全年调节	330	325	305/300（极限死水位）	16.77	800	发电
4	蜀河水电站	汉江干流	日调节	217.3	—	215	0.24	270	发电、航运
5	丹江口电站	汉江干流	多年调节	170	160（夏汛期），163.5（秋汛期）	150/145（极限消落水位）	161.22	900	防洪、供水、发电、航运
6	王甫洲水电站	汉江干流	日调节	88	—	87.25	0.28	109	发电、航运
7	崔家营水电站	汉江干流	日调节	62.73	—	62.23	0.4	90	航运、发电
8	兴隆水电站	汉江干流	日调节	38	—	—	—	40	灌溉、航运
9	蔺河口水电站	岚河	年调节	512	510	485	0.875	72	发电
10	鄂河水电站	堵河	年调节	550	548	520	1.527	114	防洪、发电
11	潘口水电站	堵河	年调节	355	347.6	330	11.2	500	发电、防洪
12	黄龙滩水电站	堵河	季调节	247	247	226	4.43	510	发电
13	鸭河口水电站	白河	年调节	177	175.7	160	7.62	12.8	防洪、灌溉、发电、供水

表 3.14　汉江流域主要控制断面生态流量达标情况统计

序号	控制断面	对应监测站点	断面类型	所在河流	最小下泄流量控制指标/(m³/s)	日均流量满足控制指标的全年百分比/%				
						2017年	2018年	2019年	2020年	2021年
1	汉中	汉中(二)	重要城市	汉江	9.48（11月至次年5月），22.4（6~10月）	75.6	96.4	79.2	81.0	97.0
2	安康	安康(二)	水利工程	汉江	80.0	93.2	81.4	90.7	94.0	98.6
3	白河	白河	省界断面	汉江	120.0	96.4	92.1	95.9	99.0	99.7
4	黄家港	黄家港(二)	水系节点、水利工程	汉江	490.0	76.2	100.0	100.0	99.0	100.0
5	皇庄	皇庄	水系节点	汉江	500.0	100.0	100.0	100.0	100.0	100.0
6	仙桃	仙桃(二)	水利工程	汉江	500.0	97.5	100.0	98.9	100.0	100.0
7	大竹河	大竹河(二)	省界断面	汉江—任河	5.89	98.9	99.7	99.7	100.0	100.0
8	鄂坪	鄂坪	省界断面	汉江—堵河	3.46	76.7	72.1	68.2	87.0	100.0
9	黄龙滩	黄龙滩	水系节点、水利工程	汉江—堵河	17.7	88.8	83.0	64.1	95.0	99.7
10	荆紫关	荆紫关(二)	水系节点、省界断面	汉江—丹江	5.10	100.0	100.0	89.9	100.0	100.0
11	白土岗	白土岗(二)	水利工程	汉江—白河	0.708	100.0	98.9	62.7	87.0	97.0
12	鸭河口	鸭河口水库	水利工程	汉江—白河	2.66	26.3	51.0	36.2	38.0	100.0
13	新店铺	新店铺(三)	水系节点、省界断面	汉江—白河	6.92	98.6	99.5	100.0	99.0	99.7
14	郭滩	郭滩	水系节点、省界断面	汉江—唐河	5.85	97.3	100.0	81.1	85.0	100.0

3.4.4　工程生态流量保障措施

1. 工程措施

流域内重要大中型水利水电工程主要有石泉水电站、喜河水电站、安康水电站、蜀河水电站、丹江口水电站、王甫洲水电站、崔家营水电站、兴隆水电站、蔺河口水电站、鄂坪水电站、潘口水电站、黄龙滩水电站和鸭河口水电站等。

流域大中型水利水电工程建设较早，建设时大部分未对生态流量下泄做具体要求，也未专门设计生态流量泄放设施。从生态流量保障措施来看，正常情况下主要通过保障基荷发电下泄生态流量，其他情况下通过生态机组或生态泄流设施满足生态流量需求。汉江流域部分水工程生态流量保障措施如表 3.15 所示。

表 3.15　汉江流域部分水工程生态流量保障措施

序号	水电站名称	下泄生态流量管控目标/(m³/s)	泄放措施
1	石泉水电站	40	最小下泄流量通过机组发电满足
2	喜河水电站	40	
3	安康水电站	80	
4	蜀河水电站	120	
5	丹江口水电站	490	
6	王甫洲水电站	490	
7	崔家营水电站	500	
8	兴隆水电站	500	
9	蔺河口水电站	3.49	最小下泄流量通过生态机组满足
10	鄂坪水电站	3.46	通过机组发电或建设生态泄流设施满足
11	潘口水电站	16.7（日均）	
12	黄龙滩水电站	17.7	
13	鸭河口水电站	2.66	通过机组发电或建设生态泄流设施满足

注：安康水电站近期最小下泄流量控制指标定为 80 m³/s，至航道等级提高至 IV 级后，按需要提高到 120 m³/s。丹江口水电站下泄流量一般不小于 490 m³/s，当来水小于 350 m³/s 且库水位低于 150 m 时，下泄流量可按 400 m³/s 控制。

2. 非工程措施

按照《乌江流域水量调度方案（试行）》，在符合流域水资源总体配置、流域水量分配方案及保证工程安全运行的基础上，通过实施流域水量统一调度，满足汉江流域内用水需求和控制断面下泄流量要求，不损害水源区原有用水利益，保障南水北调中线工程等跨流域调水工程供水，充分发挥水资源综合利用效益，维护河湖良好生态环境，促进水资源可持续利用。

3.4.5 生态流量监督管理模式

1. 生态流量目标确定

根据《水利部关于印发第一批重点河湖生态流量保障目标的函》（水资管函〔2020〕43 号）、《水利部关于印发第二批重点河湖生态流量保障目标的函》（水资管函〔2020〕285 号）、《水利部关于汉江流域水量分配方案的批复》、《关于湖北省堵河潘口水电站蓄水计划和调度方案的批复》、《关于印发郧西县小水电清理整改工作实施方案的通知》等，确定了汉江干流安康断面、黄家港断面、皇庄断面、汉中断面，汉江支流夹河上津断面、堵河鄂坪断面、堵河潘口断面、堵河黄龙滩断面、丹江荆紫关断面、唐河郭滩断面、白河鸭河口断面、白河新店铺断面等的生态流量管控目标。

2. 生态流量监测监控

水利部长江水利委员会完善了汉江流域水文站网建设，实现了干流安康断面、黄家港（二）断面、皇庄断面等主要控制断面的生态流量在线实时监测和预警。同时，汉江流域各省积极开展生态流量监测监控工作，其中湖北省实现了对 140 座小水电站下泄生态流量的远程监控与预警，陕西省制订了生态流量监管平台建设方案（陈连军 等，2023）。

3. 生态流量调度调控

国家防汛抗旱总指挥部批复实施《汉江洪水与水量调度方案》，提出水工程调度要求来保障生活、工业和河道生态用水需求。水利部长江水利委员会印发《汉江流域水量调度方案（试行）》，要求优化工程调度运行，保障各水库及主要控制断面生态流量和最小下泄流量。陕西省印发《基于生态流量保障的水量调度方案》，制订了生态流量调度方案，通过石泉水电站、喜河水电站、安康水电站等的联合调度满足安康断面、白河相应断面的最小下泄流量需求（陈连军 等，2023）。

4. 生态流量保障管理

2020 年 12 月 1 日起施行的《湖北省汉江流域水环境保护条例》，第四十七条规定："省人民政府及其水行政等主管部门应当会同有关流域管理机构及有关县级以上人民政府，综合考虑生活、生产经营和生态环境用水需要，科学核定汉江流域水电站、水库等水利工程的最小下泄流量；对全流域流量进行实时监控和动态调度，保证生态流量不低于本河段多年平均径流流量的 20%。国家对汉江流域生态流量有更高标准的，从其规定。"其通过条款明确了针对水利工程的生态流量。

湖北省印发的《湖北省小水电站生态流量监督管理办法（试行）》，进一步健全了湖北省小水电站生态流量监督管理长效机制，有助于指导各地加强和规范小水电站生态流量监督管理工作。陕西省水利厅、陕西省生态环境厅联合印发的《陕西省小水电站生态流量监督管理指导意见》，规定了生态流量下泄的工程设施、调度管理、监测监控等，规范和加强了小水电站生态流量监督管理工作。

参 考 文 献

陈连军, 邓瑞, 邓志民, 2023. 汉江流域水工程生态流量保障实践及思考[J]. 人民长江, 54(5): 101-105, 120.

贵州省水利厅, 贵州省生态环境厅, 2020. 乌江、都柳江、蒙江、潕阳河流域生态流量保障实施方案[R]. 贵阳: 贵州省水利厅.

贵州省水利厅, 贵州省生态环境厅, 2021. 贵州省赤水河等 26 条重点河流生态流量保障实施方案(试行)[R]. 贵阳: 贵州省水利厅.

贵州省人民代表大会常务委员会, 2021. 贵州省水资源保护条例[A]. 贵阳: 贵州省人民代表大会常务委员会.

贵州省人民代表大会常务委员会, 2022. 贵州省乌江保护条例[A]. 贵阳: 贵州省人民代表大会常务委员会.

贵州省水利厅, 贵州省发展和改革委员会, 贵州省生态环境厅, 等, 2022. 贵州省小水电站生态流量监督管理办法(试行)[A]. 贵阳: 贵州省水利厅.

湖北省人民代表大会常务委员会, 2019. 湖北省清江流域水生态环境保护条例[A]. 武汉: 湖北省人民代表大会常务委员会.

湖北省水利厅, 湖北省生态环境厅, 2022. 湖北省小水电站生态流量监督管理办法(试行)[A]. 武汉: 湖北省水利厅.

水利部长江水利委员会, 2018. 2017 年度长江流域重要控制断面水资源监测通报[R]. 武汉: 水利部长江水利委员会.

水利部长江水利委员会, 2019. 2018 年度长江流域重要控制断面水资源监测通报[R]. 武汉: 水利部长江水利委员会.

水利部长江水利委员会, 2020. 2019 年度长江流域重要控制断面水资源监测通报[R]. 武汉: 水利部长江水利委员会.

水利部长江水利委员会, 2021. 2020 年度长江流域重要控制断面水资源监测通报[R]. 武汉: 水利部长江水利委员会.

水利部长江水利委员会, 2022. 2021 年度长江流域重要控制断面水资源监测通报[R]. 武汉: 水利部长江水利委员会.

水利部, 2020. 水利部关于印发第二批重点河湖生态流量保障目标的函[A]. 北京: 水利部.

俞超锋, 2010. 基于线性矩法的空间降雨频率分析[D]. 杭州: 浙江大学.

第4章
典型水利水电工程生态流量保障调查

4.1 水利水电工程生态流量保障措施

根据原环境保护部环境工程评估中心在水利水电项目环境影响评价评估过程中的调研成果，2006 年之前评估的水利水电项目绝大多数都没有考虑泄放生态流量，2006 年 1 月国家环境保护总局颁布了《水电水利建设项目河道生态用水、低温水和过鱼设施环境影响评价技术指南（试行）》，该指南出台后 85%以上的水电项目都能采取生态流量泄放措施，生态流量泄放工程保障措施包括单独设置小机组来承担基荷发电任务、单独设置生态流量泄放设施、结合工程引水或泄流永久设施修建或改建生态流量泄放设施等多种形式（曹晓红，2013）。水利水电工程主要通过机组发电、生态流量专用泄放设施、将其他泄水设施兼作生态流量泄放设施等方式泄放生态流量。目前长江流域常用的生态流量专用泄放设施有生态机组、生态泄放管/孔/闸/堰等，其他泄水设施如泄洪洞、溢洪道、冲沙闸、鱼道等也常兼作生态流量泄放设施。

长江流域水利水电工程生态流量保障措施调查采用资料收集结合现场调查核实的方式，统计了 130 座水利水电工程的生态流量保障措施，并对其中 44 座工程开展了现场查勘，掌握了工程的运行调度和生态流量下泄情况。根据调查结果，在统计的 130 座水利水电工程中，除 1 座水电站已关停外，建有生态流量专用泄放设施的工程有 37 座，占调查工程总数的 28.46%；将其他泄水设施兼作生态流量泄放设施的工程有 28 座，占调查工程总数的 21.54%；有 64 座工程没有生态流量泄放设施，占调查工程总数的 49.23%。调查统计的工程生态流量下泄措施情况见表 4.1。

表 4.1 长江流域水利水电工程生态流量下泄措施

序号	工程名称	所在河流	生态流量泄放方式	生态流量泄放专用/兼用设施
1	叶巴滩水电站	金沙江	机组发电、专用设施	生态放流管
2	苏洼龙水电站	金沙江	机组发电、专用设施	生态泄水设施
3	梨园水电站	金沙江	仅机组发电	无
4	阿海水电站	金沙江	仅机组发电	无
5	金安桥水电站	金沙江	仅机组发电	无
6	龙开口水电站	金沙江	仅机组发电	无

序号	工程名称	所在河流	生态流量泄放方式	生态流量泄放专用/兼用设施
7	鲁地拉水电站	金沙江	仅机组发电	无
8	观音岩水电站	金沙江	仅机组发电	无
9	金沙水电站	金沙江	机组发电、专用设施	生态泄水设施
10	乌东德水电站	金沙江	机组发电、其他泄水设施兼顾	导流隧洞、中孔
11	白鹤滩水电站	金沙江	机组发电、其他泄水设施兼顾	导流隧洞、泄洪深孔
12	溪洛渡水电站	金沙江	仅机组发电	无
13	向家坝水电站	金沙江	仅机组发电	无
14	两河口水电站	雅砻江	机组发电、专用设施	生态泄水闸
15	杨房沟水电站	雅砻江	机组发电、专用设施	生态流量泄放表孔
16	卡拉水电站	雅砻江	机组发电、专用设施	生态流量泄放孔
17	锦屏二级水电站	雅砻江	机组发电、专用设施	生态流量泄放洞
18	官地水电站	雅砻江	仅机组发电	无
19	二滩水电站	雅砻江	仅机组发电	无
20	桐子林水电站	雅砻江	仅机组发电	无
21	江边水电站	雅砻江—九龙河	机组发电、专用设施	生态流量泄放孔
22	卡基娃水电站	雅砻江—理塘河	机组发电、专用设施	生态机组、调压阀
23	德泽水电站	牛栏江	机组发电、专用设施	生态放流管
24	小岩头水电站	牛栏江	仅机组发电	无
25	黄角树水电站	牛栏江	仅机组发电	无
26	天龙湖水电站	岷江	仅机组发电	无
27	金龙潭水电站	岷江	仅机组发电	无
28	吉鱼水电站	岷江	仅机组发电	无
29	铜钟水电站	岷江	仅机组发电	无
30	姜射坝水电站	岷江	仅机组发电	无
31	中坝水电站	岷江	仅机组发电	无
32	福堂坝水电站	岷江	仅机组发电	无
33	太平驿水电站	岷江	仅机组发电	无
34	映秀湾水电站	岷江	仅机组发电	无
35	紫坪铺水电站	岷江	仅机组发电	无
36	毛尔盖水电站	岷江—黑水河	机组发电、专用设施	生态放流支洞
37	双江口水电站	岷江—大渡河	仅机组发电	无
38	金川水电站	岷江—大渡河	机组发电、专用设施	生态泄水道
39	猴子岩水电站	岷江—大渡河	机组发电、其他泄水设施兼顾	洞式溢洪道

序号	工程名称	所在河流	生态流量泄放方式	生态流量泄放专用/兼用设施
40	长河坝水电站	岷江—大渡河	仅机组发电	无
41	黄金坪水电站	岷江—大渡河	仅机组发电	无
42	泸定水电站	岷江—大渡河	机组发电、其他泄水设施兼顾	泄洪洞
43	硬梁包水电站	岷江—大渡河	机组发电、专用设施	生态泄水通道
44	大岗山水电站	岷江—大渡河	仅机组发电	无
45	龙头石水电站	岷江—大渡河	仅机组发电	无
46	瀑布沟水电站	岷江—大渡河	仅机组发电	无
47	枕头坝一级水电站	岷江—大渡河	仅机组发电	无
48	沙坪二级水电站	岷江—大渡河	仅机组发电	无
49	沙湾水电站	岷江—大渡河	机组发电、其他泄水设施兼顾	泄洪冲沙廊道
50	安谷水电站	岷江—大渡河	机组发电、专用设施	放水闸、开敞式泄水道、鱼道、生态机组
51	硗碛水电站	岷江—青衣江	机组发电、专用设施	生态泄流管
52	民治水电站	岷江—青衣江	机组发电、专用设施	生态泄流管
53	宝兴水电站	岷江—青衣江	机组发电、专用设施	生态流量泄放孔
54	小关子水电站	岷江—青衣江	机组发电、其他泄水设施兼顾	泄水闸
55	灵关水电站	岷江—青衣江	仅机组发电	无
56	铜头水电站	岷江—青衣江	仅机组发电	无
57	雨城水电站	岷江—青衣江	仅机组发电	无
58	百花滩水电站	岷江—青衣江	机组发电、其他泄水设施兼顾	排漂闸、冲沙闸
59	栗子坪水电站	岷江—大渡河—南桠河	机组发电、其他泄水设施兼顾	泄水设施改建
60	冶勒水电站	岷江—大渡河—南桠河	机组发电、其他泄水设施兼顾	引水隧洞支洞
61	亭子口水电站	嘉陵江	仅机组发电	无
62	阴坪水电站	嘉陵江—涪江—火溪河	机组发电、其他泄水设施兼顾	泄洪冲沙闸
63	普定水电站	乌江—三岔河	机组发电、其他泄水设施兼顾	泄洪设施
64	引子渡水电站	乌江—三岔河	仅机组发电	无
65	洪家渡水电站	乌江—六冲河	机组发电、其他泄水设施兼顾	泄洪设施
66	东风水电站	乌江	机组发电、其他泄水设施兼顾	泄洪设施
67	索风营水电站	乌江	机组发电、其他泄水设施兼顾	泄洪设施
68	乌江渡水电站	乌江	机组发电、其他泄水设施兼顾	泄洪设施
69	构皮滩水电站	乌江	机组发电、其他泄水设施兼顾	泄洪设施
70	思林水电站	乌江	机组发电、其他泄水设施兼顾	泄流设施
71	沙沱水电站	乌江	机组发电、其他泄水设施兼顾	溢流表孔

序号	工程名称	所在河流	生态流量泄放方式	生态流量泄放专用/兼用设施
72	彭水水电站	乌江	机组发电、其他泄水设施兼顾	泄洪设施
73	银盘水电站	乌江	机组发电、其他泄水设施兼顾	泄洪表孔
74	花溪水库	乌江—清水河—南明河	机组发电、其他泄水设施兼顾	泄洪底孔
75	阿哈水库	乌江—清水河—南明河	机组发电、其他泄水设施兼顾	分层取水设施、泄洪底孔
76	三渡峡水电站	清江	机组发电、专用设施	生态放流管
77	雪照河水电站	清江	其他泄水设施兼顾	泄流闸
78	大河片水电站	清江	其他泄水设施兼顾	泄流槽
79	天楼地枕水电站	清江	其他泄水设施兼顾	冲沙闸
80	龙王塘水电站	清江	专用设施	生态泄水管
81	大龙潭水电站	清江	机组发电、专用设施	生态机组
82	红庙水电站	清江	—	—
83	水布垭水电站	清江	机组发电、专用设施	生态机组
84	隔河岩水电站	清江	仅机组发电	无
85	高坝洲水电站	清江	仅机组发电	无
86	小溪口水电站	清江—马水河	机组发电、专用设施	生态机组
87	老渡口水电站	清江—马水河	机组发电、其他泄水设施兼顾	高压闸阀
88	桐子营水电站	清江—忠建河	机组发电、其他泄水设施兼顾	尾水蝶阀
89	龙洞水电站	清江—忠建河	机组发电、专用设施	生态放流管
90	洞坪水电站	清江—忠建河	仅机组发电	无
91	野三河水电站	清江—野三河	机组发电、专用设施	生态放流管
92	高岚河水电站	香溪河—高岚河	专用设施	生态溢流堰
93	三堆河水电站	香溪河—南阳河	专用设施	生态溢流堰
94	青峰水电站	香溪河—南阳河	专用设施	生态溢流堰
95	腰水河一级水电站	香溪河—南阳河	专用设施	生态放流管
96	黄金峡水电站	汉江	机组发电、专用设施	生态泄水闸
97	旬阳水电站	汉江	仅机组发电	无
98	白河（夹河）水电站	汉江	机组发电、专用设施	生态泄水闸
99	石泉水电站	汉江	仅机组发电	无
100	喜河水电站	汉江	仅机组发电	无
101	安康水电站	汉江	仅机组发电	无
102	蜀河水电站	汉江	仅机组发电	无
103	丹江口水电站	汉江	仅机组发电	无
104	王甫洲水电站	汉江	仅机组发电	无

序号	工程名称	所在河流	生态流量泄放方式	生态流量泄放专用/兼用设施
105	崔家营水电站	汉江	仅机组发电	无
106	兴隆水电站	汉江	仅机组发电	无
107	鄂坪水电站	汉江—堵河	仅机组发电	无
108	蔺河口水电站	汉江—岚河	机组发电、专用设施	生态机组
109	黄龙滩水电站	汉江—堵河	仅机组发电	无
110	潘口水电站	汉江—堵河	机组发电、其他泄水设施兼顾	泄洪洞
111	小漩水电站	汉江—堵河	机组发电、专用设施	生态放流管
112	里叉河水电站	汉江—玉泉河	仅机组发电	无
113	两河口水电站	汉江—玉泉河	机组发电、专用设施	生态放流管
114	饶家河水电站	汉江—玉泉河	机组发电、专用设施	生态放流管
115	阳日湾水电站	汉江—玉泉河	仅机组发电	无
116	涔天河水电站	湘江—潇水	机组发电、专用设施	生态放水管
117	柘溪水电站	资江	仅机组发电	无
118	托口水电站	沅江	机组发电、专用设施	生态机组
119	挂治水电站	沅江—清水江	仅机组发电	无
120	观音岩水电站	沅江—潕阳河	仅机组发电	无
121	红旗水电站	沅江—潕阳河	仅机组发电	无
122	万安水电站	赣江	仅机组发电	无
123	峡江水电站	赣江	机组发电、专用设施	生态泄水闸
124	廖坊水电站	抚河	仅机组发电	无
125	南车水电站	赣江—牛吼江	仅机组发电	无
126	螺滩水电站	赣江—孤江	仅机组发电	无
127	柘林水电站	修水	仅机组发电	无
128	大坳水电站	修水—山口水	仅机组发电	无
129	罗湾水电站	修水—潦河	仅机组发电	无
130	东津水电站	修水	仅机组发电	无

4.2 典型工程生态流量保障情况分析

根据《水利部关于印发第一批重点河湖生态流量保障目标的函》（水资管函〔2020〕43号）的要求，河流主要控制断面的生态基流保证率原则上应不小于90%。根据《2021年度长江流域重要控制断面水资源监测通报》[①]，47座重要水利水电工程日均最小下泄

[①]水利部长江水利委员会，2022.2021年度长江流域重要控制断面水资源监测通报。

流量满足情况见表 4.2，由表 4.2 可知：日均最小下泄流量全年均满足控制指标的工程有 16 座，占总数量的 34%；满足控制指标的全年天数比例在 90% 以上的工程有 44 座，占总数量的 93.6%；满足控制指标的全年天数比例不足 90% 的工程为白鹤滩水电站、凤滩水电站和柘溪水电站。总体来看，长江流域重要水利水电工程最小下泄流量满足程度较高。

表 4.2　2021 年长江流域重要水利水电工程日均最小下泄流量满足情况

序号	工程名称	河流水系	最小下泄流量指标/（m³/s）	日均最小下泄流量满足控制指标的全年百分比/%
1	梨园水电站	金沙江中游	300	99.7
2	阿海水电站		350	99.5
3	金安桥水电站		350	100
4	龙开口水电站		380	98.6
5	鲁地拉水电站		400	99.5
6	观音岩水电站		439	100
7	两河口水电站	雅砻江	125	98.9
8	锦屏一级水电站		122（非枯水期），88（枯水期）	100
9	二滩水电站		401	100
10	乌东德水电站	金沙江下游	900（8 月～次年 2 月），1 160（3～7 月）	100
11	白鹤滩水电站		1 160（8 月～次年 2 月），1 260（3～7 月）	85.5
12	溪洛渡水电站		1 200	99.7
13	向家坝水电站		1 200	100
14	紫坪铺水电站	岷江	129	100
15	猴子岩水电站	大渡河	160	99.7
16	长河坝水电站		166.5	98.6
17	大岗山水电站		165.4（日均）	99.5
18	瀑布沟水电站		327（日均）	100
19	碧口水电站	嘉陵江	83.9（日均）	96.2
20	宝珠寺水电站		85.1	99.2
21	亭子口水电站		124	98.6
22	草街水电站		327	98.9
23	构皮滩水电站	乌江	190	98.9
24	思林水电站		195	98.6
25	沙沱水电站		228	99.2
26	彭水水电站		280	99.5
27	三峡水电站	长江	5 500	100

序号	工程名称	河流水系	最小下泄流量指标/（m³/s）	日均最小下泄流量满足控制指标的全年百分比/%
28	水布垭水电站	清江	35	100
29	隔河岩水电站		46	100
30	江坪河水电站		8.11	100
31	江垭水电站	澧水	17	100
32	皂市水电站		22	100
33	凤滩水电站	沅江	49.1	87.4
34	五强溪水电站		395	95.9
35	柘溪水电站	资江	130	84.4
36	陆水水电站	陆水	8.59	99.7
37	石泉水电站		40	99.7
38	安康水电站	汉江	80	98.6
39	丹江口水电站		490	100
40	潘口水电站	汉江堵河	16.7	98.6
41	黄龙滩水电站		17.7	99.7
42	鸭河口水电站	汉江白河	2.66	100
43	万安水电站	赣江	150	94.2
44	峡江水电站		266	94.8
45	廖坊水电站	抚河	28.6	99.5
46	柘林水电站	修水	25.7	92.1
47	德泽水电站	牛栏江	5.4（12月至次年5月），16.2（6~11月）	91.5

4.3 典型水利水电工程生态流量保障现场调查

为理清长江流域生态流量保障情况现状，分别在雅砻江、牛栏江、岷江、乌江、清江、汉江、香溪河、沅江等长江流域典型支流开展流域性、精细化生态流量监督管理现状调查，现场调研复核各水利水电工程的生态流量泄放措施及生态流量泄放情况。

4.3.1 雅砻江流域

1. 二滩水电站

二滩水电站位于四川省攀枝花市盐边县与米易县交界处，处于雅砻江下游，坝址距雅砻江与金沙江汇合口33 km，距攀枝花市市区46 km。二滩水电站于1991年9月开工，1998 年 7 月第一台机组发电，总装机容量 330 万 kW，保证出力 100 万 kW，多年平均发电量 170 亿 kW·h，是雅砻江干流建成的第一个水电站。二滩水电站坝址以上流域面积 11.64 万 km²，约占雅砻江流域面积的 90%。坝址处多年平均流量 1 670 m³/s，年径流量 527 亿 m³，调节库容 33.7 亿 m³，属于季调节水库。

二滩水电站竣工时间较早，在设计和施工过程中未设置专门的生态流量下泄设施，主要通过发电尾水下泄生态流量，该工程的取水许可审批文件要求二滩水电站在桐子林水电站建成运行前至少下泄流量 164 m³/s，在桐子林水电站建成运行后日均最小下泄流量 401 m³/s。二滩水电站承担系统调频、调峰、调压和事故备用任务，正常运行台数最少为 3 台，对应的发电流量大于最小下泄流量。在枯水期以日调节运行时，可能存在下泄流量不足的情况，其出现概率低，持续时间短。下游的桐子林水电站建成运行后，库区水位衔接至二滩水电站坝下，基本不会出现河床断流情况。根据现场调查，二滩水电站正常发电，坝下河道内水位、流量下泄正常。现场调查情况见图 4.1。

图 4.1　二滩水电站坝下河道

2. 桐子林水电站

桐子林水电站位于四川省攀枝花市盐边县境内，距上游二滩水电站 18 km，距雅砻江与金沙江汇合口 15 km，是雅砻江水电基地最末一个梯级。桐子林水电站总装机容量 60 万 kW（4×15 万 kW），与上游锦屏一级水电站、二滩水电站联合运行，设计枯水年枯水期平均出力 22.7 万 kW，多年平均发电量 29.75 亿 kW·h。

桐子林水电站以发电任务为主，兼有供给下游综合用水的任务要求。水库正常蓄水位 1 015 m，总库容 0.912 亿 m³，具有日调节性能。2015 年 10 月 28 日，桐子林水电站首批 2 台共 30 万 kW 机组投产发电。

桐子林水电站坝下河段水文情势受桐子林水电站日调节运行控制，在非汛期日调节期间采取单台机组带基荷运行的方式下泄生态流量。单机发电流量约 868 m³/s，大于生态流量要求的 422 m³/s。机组停机检修期间，通过开启泄洪闸下泄流量。根据现场调查，桐子林水电站通过发电尾水向下游泄放生态流量，坝下河道内水位、流量下泄正常，未出现减水情况。现场调查情况见图 4.2、图 4.3。

图 4.2　桐子林水电站发电尾水下泄

图 4.3　桐子林水电站坝下河道

4.3.2　牛栏江流域

牛栏江流域以德泽水电站为主要调查对象。德泽水电站位于云南省曲靖市沾益区德泽乡境内，是牛栏江—滇池补水工程水源地，是云南省解决滇池治理、昆明市和曲靖市生活饮水问题的水资源综合利用重点工程。德泽水电站距离昆明市 173 km，距离曲靖市 84 km。

德泽水电站大坝坝高 142 m，水库正常蓄水位 1 790 m，相应库容 41 597 万 m³，调节库容 22 695 万 m³。坝下设有水电站，总装机容量 2×10 MW，引用流量 21 m³/s，多年平均发电量 9 234 万 kW·h。德泽水电站于 2009 年 8 月 31 日开工，2012 年 9 月下闸蓄水。

德泽水电站设置了专门的生态流量下泄设施，最小下泄流量枯水期不小于取水断面多年平均天然径流量的 10%（5.4 m³/s），汛期不低于天然来水量的 30%（16.2 m³/s）。

根据现场调查，德泽水电站在发电放空隧洞出口 0+830 m 处设置有直径为 1.1 m 的泄放生态流量的岔管和放空水库的工作阀，专门用于下泄生态流量。水库坝下约 1 km 处建有德泽水文站，可利用该水文站对德泽水电站下泄生态流量情况进行在线自动监测。现场调查情况见图 4.4、图 4.5。

图 4.4 德泽水电站生态流量下泄岔管

图 4.5 德泽水文站

4.3.3 岷江支流青衣江流域

宝兴河为青衣江上游主河源，规划的"一库八级"开发方案，目前已建成硗碛水电站、宝兴水电站、小关子水电站、铜头水电站、飞仙关水电站、雨城水电站 6 座梯级。青衣江流域主要选择宝兴河上的小关子水电站、铜头水电站、雨城水电站 3 座梯级进行现场调查。其中，小关子水电站为引水式水电站，铜头水电站为混合式水电站，雨城水电站为河床式水电站。

1. 小关子水电站

小关子水电站是宝兴河流域梯级滚动开发自上而下的第四级高水头引水式水电站。小关子水电站坝址位于宝兴县县城下游约 1.5 km 处，厂址位于宝兴县县城下游约 10.0 km 处。工程建设的任务是发电，总装机容量 160 MW，多年平均发电量 8.23 亿 kW·h。小关子水电站坝址以上控制流域面积 2 788 km^2，多年平均流量 89.1 m^3/s，水库调节库容 65.10 万 m^3，属于日调节水库。

小关子水电站主体工程于 1998 年 6 月全面开工，2000 年 8 月首次下闸蓄水，同年同月首台机组试运行，2001 年 4 月四台机组全部投产发电，工程基本完工。

小关子水电站建设时，工程环境影响评价报告和水资源论证报告均未提出下泄生态流量的要求。我国实施取水许可制度后，四川省水利厅要求水电站按多年平均来水量的 10%下泄生态流量，该水电站生态流量要求为 8.91 m^3/s。根据现场调查，小关子水电站通过冲沙闸下泄生态流量。现场调查情况见图 4.6、图 4.7。

图 4.6 小关子水电站冲沙闸泄流情况

图 4.7　小关子水电站坝下河道

2. 铜头水电站

铜头水电站位于宝兴河中游，距雅安市约 43 km，距下游雨城水电站约 40 km。该水电站的工程任务以发电为主，是宝兴河开发兴建的第二个中型水电站，铜头水电站总装机容量为 4×2 万 kW，年发电量为 2 亿 kW·h。该工程由拦河坝、左岸有压泄洪隧洞、右岸无压泄洪隧洞、引水洞、差动式调压井、压力斜井、发电厂房及变电站等组成。

铜头水电站建设时，工程环境影响评价报告和水资源论证报告均未提出下泄生态流量的要求，我国实施取水许可制度之后，四川省水利厅要求水电站按多年平均来水量的 10% 下泄生态流量，铜头水电站下泄生态流量的要求为 9.86 m³/s。根据现场调查，铜头水电站通过右岸无压泄洪隧洞 5 号闸下泄生态流量。现场调查情况见图 4.8。

3. 雨城水电站

雨城水电站是宝兴河最末一级水电站，是一座河床式水电站，装机容量 3×2 万 kW，设计水头 15.5 m，引用流量 450 m³/s，年利用小时数为 5 233 h。该水电站于 1995 年 10 月首台机组投产，1996 年 7 月全部机组投产发电。

雨城水电站建设时，工程环境影响评价报告和水资源论证报告均未提出下泄生态流量的要求，我国实施取水许可制度之后，四川省水利厅要求水电站按多年平均来水量的 10% 下泄生态流量。

根据现场调查，雨城水电站下游设有雅安市的水厂取水口，为保证下游供水及取水口的取水水位，雨城水电站在发电流量不足的情况下，通过开启泄洪闸门下泄生态流量；宝兴河流域梯级调度中心（以下简称"梯调中心"）设立在雨城水电站，宝兴河 8 座梯级均在此进行统一调度，梯调中心可随时查看各梯级运行情况，包括水雨情、出入库流量、水库特征水位、发电负荷等信息。现场调查情况见图 4.9。

图 4.8　铜头水电站坝下河道

图 4.9　雨城水电站坝下河道

4.3.4　乌江流域

1. 洪家渡水电站

洪家渡水电站坝址位于贵州省毕节市织金县、黔西市交界处的六冲河干流，距六冲河与乌江三岔河汇合口 42.3 km，上距在建的夹岩水电站 99 km，下距东风水电站 65 km。洪家渡水电站坝址以上集水面积 9 900 km²，多年平均流量 155 m³/s。工程采用坝后式开发，工程任务为发电，同时兼有库区航运、旅游等综合任务。洪家渡水电站总库容 44.97 亿 m³，正常蓄水位 1 140 m，死水位 1 076 m，调节库容 33.61 亿 m³，具有多年调节能力。水电站总装机容量 60 万 kW（3×20 万 kW），设计保证率为 95%，保证出力 159.1 MW，相应的流量为 107 m³/s，多年平均发电量 15.59 亿 kW·h，年利用小时数为 2 598 h。工程于 2000 年 11 月开工建设，2004 年底 3 台机组全部并网发电。

根据工程取水许可文件对生态流量的要求，洪家渡水电站正常运行期最小下泄流量为 14.4 m³/s。现场调查情况见图 4.10。

图 4.10　洪家渡水电站下游河道

根据洪家渡水电站 2017 年日均下泄流量的统计结果，该水电站生态流量满足程度为 66.6%。洪家渡水库是乌江干流的龙头水库，调节能力较大，汛期 6～8 月水库以蓄水为主，枯水期增加下泄水量，因此枯水期生态流量保障程度较高，汛期生态流量保障程度较低。近年来，水利部长江水利委员会、贵州省水利厅与贵州乌江水电开发有限责任公司多次协调，贵州乌江水电开发有限责任公司积极配合整改，并研究生态流量保障方案，通过优化水电站调度运行方式满足了生态流量泄放要求。

2. 东风水电站

东风水电站坝址位于贵州省毕节市黔西市和贵阳市清镇市交界处的乌江干流，上距六冲河与乌江三岔河汇合口 8 km，距六冲河洪家渡水电站约 65 km，距三岔河引子渡水电站约 43.7 km，下距索风营水电站约 35.5 km。东风水电站坝址控制集水面积 18 161 km²，多年平均流量 343 m³/s。工程采用坝后式开发，工程任务为发电。东风水电站总库容 10.25 亿 m³，正常蓄水位 970 m，死水位 950 m，调节库容 4.91 亿 m³，具有不完全年调节能力。水电站总装机容量 695 MW（3×190 MW+1×125 MW），设计保证率为 95%，保证出力 236 MW，多年平均发电量 29.58 亿 kW·h，年利用小时数为 4 256 h。工程于 1987 年 12 月开工建设，1994 年投产发电，2005 年完成增效扩容。

根据工程取水许可文件对生态流量的要求，东风水电站最小下泄流量为 77 m³/s，当东风水电站下游尾水位和索风营水电站库水位衔接时，日均最小下泄流量为 77 m³/s。根据东风水电站 2017 年日均下泄流量的统计结果，该水电站生态流量满足程度为 87%。现场调查情况见图 4.11。

图 4.11 东风水电站下游河道

3. 银盘水电站

银盘水电站是乌江干流梯级开发的第 11 级水电站。水库正常蓄水位 215 m，相应库容 1.83 亿 m³；死水位 211.5 m，相应库容 1.46 亿 m³；设计洪水位 218.61 m，校核洪水位 225.47 m，水库调节库容 0.37 亿 m³，具有日调节性能，是重庆市电网的骨干调峰电源——彭水水电站的反调节梯级。银盘水电站总装机容量 645 MW，保证出力 161.7 MW（历时保证率 90%），水电站多年平均发电量 27.08 亿 kW·h，装机年利用小时数为 4 513 h。

银盘水电站于 2006 年 1 月开展施工准备工作，2007 年 12 月 3 日完成大江截流，2011 年 4 月 6 日工程开始第一期蓄水，2011 年 5 月 25 日第一台机组并网发电，2011 年 12 月 12 日工程 4 台机组全部并网发电。2012 年 5 月 9 日通过第二阶段蓄水验收，同意蓄水到正常蓄水位 215 m。

根据银盘水电站航运调度要求，银盘水电站死水位 211.5 m 与彭水水电站坝下最低通航水位相同，并在此水位以上预留反调节库容 3 710 万 m³。银盘水电站最小通航流量为 345 m³/s，相应坝下最低通航水位为 179.88 m；最大通航流量为 5 500 m³/s，相应坝下最高通航水位在白马水电站未建时为 190.63 m，白马水电站建成后为 192.04 m，白马水电站建成后可渠化库区 55 km 的乌江干流航道。上游的彭水水电站按电网调度要求调峰运行时，银盘水电站利用日调节库容对彭水水电站日调节释放的不恒定流进行反调节，并且最小下泄流量不低于最小通航流量 345 m³/s，以满足银盘水电站库区和坝下河段控制断面的航运要求。银盘水电站在运行期承担 16.4 万 kW 发电基荷，下泄流量可以满足 345 m³/s 的要求，特殊情况下水电站无法通过承担发电基荷下泄基流时，由泄洪表孔下泄流量，满足下游通航和各类用水要求。

根据现场调查，银盘水电站正常发电，下泄流量大于 345 m³/s。现场调查情况见图 4.12、图 4.13。

图 4.12　银盘水电站坝址

4. 彭水水电站

彭水水电站位于乌江干流下游，是乌江水电基地 12 级开发中的第 10 个梯级，其上游为沙沱水电站，下游为银盘水电站，水电站坝址以上流域面积 6.9 万 km²，占乌江流域总面积的 78.5%，坝址多年平均流量 1 300 m³/s，年径流量 410 亿 m³。水库正常蓄水位 293 m，死水位 278 m，调节库容 5.18 亿 m³，属于季调节水库。彭水水电站总装机容量 175 万 kW，年均发电量达 63.51 亿 kW·h。

图 4.13　银盘水电站下游河道

根据彭水水电站环评报告书的批复要求，应确保水电站运行期基荷发电或临时停机运行时瞬时下泄不小于 280 m^3/s 的环境和航运用水。

银盘水电站库区回水至彭水水电站坝下，对彭水水电站进行反调节，因此彭水水电站下游河道一般不会出现断流。根据现场调查，彭水水电站正常发电，下游河道内水位、流量下泄正常。现场调查情况见图 4.14、图 4.15。

图 4.14　彭水水电站坝址

图 4.15　彭水水电站坝下河道

5. 花溪水库

花溪水库位于乌江二级支流南明河上游花溪河段，距贵阳市市区 20 km。水库始建于 1958 年 7 月，总库容 3 140 万 m³，防洪库容 1 140 万 m³，正常蓄水位 1 140 m，死水位 1 119.8 m，大坝为混凝土重力坝，水库坝址以上集水面积为 315 km²，工程等级为 III 等 2 级，是一座年调节中型水库。2005 年经贵州省人民政府批复，花溪水库正式划为贵阳市市级饮用水源保护区。水库现主要功能为防洪、城市供水，兼顾发电，供水对象主要有中曹水厂、花溪水厂、贵州大学及贵州民族大学等，取水口位于花溪水库下游河道，水库每日通过底孔下泄水量约 25 万 m³，用于保障贵阳市生活用水及花溪河生态环境用水，水库底孔最大下泄能力为 2.8 m³/s。

根据贵州省河流水库生态流量核定成果，花溪水库未考虑松柏山水库影响的天然径流成果为 5.3 m³/s，按此天然径流成果的 10%（0.53 m³/s）考虑坝址下游河道生态环境用水量，因此水库运行过程中以 0.53 m³/s 为依据下放生态流量[1]。

花溪水库为饮用水源地，其供水对象在下游的河道内取水，花溪水库生态流量同居民供水一起泄放，并于 2016 年在水电站尾水附近河道上建设了实时监测流量的设施。根据花溪水库逐日平均下泄流量统计结果，花溪水库最小日均下泄流量为 1.2 m³/s，大于 0.53 m³/s 的生态环境用水需求，生态流量满足率为 100%。现场调查情况见图 4.16。

6. 阿哈水库

阿哈水库位于南明河支流小车河上，大坝为均质土坝，水库总库容为 7 200 万 m³，正常蓄水位为 1 110 m，坝址以上集水面积为 190 km²，是一座以城市供水和防洪为主的

---

[1] 贵州省水利水电勘测设计研究院，2020. 贵州省河流水库生态流量核定方案。

图 4.16　花溪水库下游河道

中型水库，汛期拦蓄南明河支流小车河来水，来缓解城区的防洪压力，也是贵阳市城市供水的主要水源地之一，同时也为阿哈湖国家湿地公园生态环境和景观用水提供了重要保障。

阿哈水库主要用水户有贵阳市南郊水厂和河滨水厂，取水口位于下游河道内，日均供水总量为 19.2 万 m³。为确保取水对水深的要求，阿哈水库取水口采用分层取水方案，分层取水设施位于大坝和溢洪道之间，分层取用水质较好的表层水，共分四层取水，各层高程分别为 1 096.5 m、1 101.0 m、1 105.5 m、1 110.0 m。当水库运行在不同水位级时，分层取水设施能够确保取水要求。现状情况下除通过分层取水设施泄水外，水库底孔设计泄放能力为 0.85 m³/s。现场调查情况见图 4.17。

图 4.17　阿哈水库下游河道

根据贵州省河流水库生态流量核定成果，阿哈水库河道天然径流成果为 3.34 m³/s，按此天然径流成果的 10%（0.334 m³/s）考虑坝址下游河道生态环境用水量，因此水库运行过程中以 0.334 m³/s 为依据下放生态流量[①]。根据阿哈水库 2017 年逐日平均下泄流量统计结果，该水库生态水量满足程度约为 61%。

4.3.5 清江流域

1. 三渡峡水电站

三渡峡水电站建成于 1964 年，是一座以灌溉为主，兼有发电、防洪、养殖等综合利用效益的小（一）型水库。水库坝址控制流域面积 420 km²，多年平均流量 10.65 m³/s。水库正常蓄水位 1 083.5 m，死水位 1 080 m，总库容 316 万 m³，水电站装机容量 0.64 MW，为混合式开发。

三渡峡水电站核定的生态流量目标值为 1.13 m³/s。根据现场调查，三渡峡水电站通过设置在发电引水渠上的生态放流管泄放生态流量，生态流量泄放设施正常运行。现场调查情况见图 4.18、图 4.19。

图 4.18　三渡峡水电站坝址及生态流量泄放情况

图 4.19　三渡峡水电站生态流量放流管

---

① 贵州省水利水电勘测设计研究院，2020. 贵州省河流水库生态流量核定方案。

2. 雪照河水电站

雪照河水电站位于清江干流上游利川市境内，工程于 1983 年建成投产。雪照河水电站为引水式水电站，坝址以上控制流域面积 1 028 km²，多年平均流量 24.91 m³/s，坝高 11.4 m，左岸布置引水明渠，引水系统长 7 km。雪照河水电站装机容量 10.4 MW，年均发电量约 0.53 亿 kW·h。

雪照河水电站核定的生态流量目标值为 2.51 m³/s。根据现场调查，雪照河水电站通过在坝身设置泄流闸泄放生态流量，生态流量泄放设施正常运行。现场调查情况见图 4.20。

图 4.20 雪照河水电站坝址及生态流量泄放情况

3. 天楼地枕水电站

天楼地枕水电站位于恩施市屯堡乡境内，工程于 1993 年建成投产。天楼地枕水电站为引水式水电站，坝址控制流域面积 1 906 km²，多年平均流量 56 m³/s。水电站由底栏栅取水坝、左岸引水系统及岸边式地面厂房等组成，发电引水明渠全长 6 336 m，设计引用流量 42 m³/s，水电站装机容量 25.2 MW，水电站多年平均发电量约 1.34 亿 kW·h。

天楼地枕水电站核定的生态流量目标值为 5.38 m³/s。根据现场调查，天楼地枕水电站通过控制右岸冲沙闸闸门开度以泄放生态流量，现场调查时生态流量泄放设施正常运行。现场调查情况见图 4.21。

4. 大龙潭水电站

大龙潭水电站位于清江大龙潭峡谷中段，下距恩施市 11 km，是一座以发电为主，兼有防洪和供水功能的综合水利枢纽。水库坝址控制面积 2 396 km²，多年平均流量 70.3 m³/s，水库正常蓄水位461 m，防洪限制水位 450 m，总库容 5 200 万 m³，其中防洪库容 0.27 亿 m³，水电站装机容量 30 MW。

图 4.21 天楼地枕水电站坝址及生态流量泄放情况

大龙潭水电站于 2005 年建成投产，建成初期未考虑生态流量下泄要求，由于工程位于恩施市上游，为保证下游城市景观和清江生态流量的需求，大龙潭水电站在 2008 年设置了一台生态机组，在大机组不发电的情况下，通过生态机组下泄生态流量 6.95 m³/s。现场调查时，生态机组正常运行，向下游泄放生态流量。现场调查情况见图 4.22。

图 4.22 大龙潭水电站坝址及左岸生态机组下泄流量情况

5. 水布垭水电站

水布垭水电站坝址位于清江中游恩施土家族苗族自治州巴东县境内，上距恩施市 117 km，下距隔河岩水电站 92 km，是清江梯级开发的龙头枢纽。水库正常蓄水位

400 m，相应库容 43.12 亿 m³，总库容 45.8 亿 m³，其中防洪库容 5 亿 m³，水电站装机容量 1 840 MW（4×460 MW）。水布垭水电站的工程任务以发电、防洪、航运为主，并兼顾其他功能。水布垭水电站为 I 等大型水利水电工程。主体建筑物有混凝土面板堆石坝、河岸式溢洪道、右岸地下式水电站厂房和放空洞等。

由于水布垭水电站环境影响评价报告书编制及批复时间较早，当时未对生态流量下泄做具体要求，也未设计生态流量泄放专用设施。水布垭水电站下游的隔河岩水电站于 1993 年首台机组投产发电，其正常蓄水位为 200 m，水布垭水电站发电尾水平台底板高程为 188.8 m，水布垭水电站坝下与隔河岩水电站库区水位是衔接的。水布垭水电站建有保安自备电厂，位于清江左岸 2# 导流洞内，通过溢洪道取水，配备一台装机容量为 20 MW 的发电机组，额定流量为 13.39 m³/s，保安自备电厂于 2008 年建成并投产发电。运行期间，保安自备电厂基本长期处于稳定运行发电状态，可向下游泄放流量 13.39 m³/s[①]。

根据现场调查，隔河岩水电站库区水位为 196.7 m，与水布垭水电站坝下水位衔接，水布垭水电站通过保安自备电厂发电下泄生态流量。现场调查情况见图 4.23、图 4.24。

图 4.23　水布垭水电站坝址

6. 隔河岩水电站

隔河岩水电站位于清江干流上，距宜昌市长阳土家族自治县县城约 9 km，是清江干流梯级开发的骨干工程。坝址以上控制流域面积 14 430 km²，多年平均流量 403 m³/s，年径流量 127 亿 m³。正常蓄水位 200 m，相应库容 30.18 亿 m³；死水位 160 m，兴利库容 21.8 亿 m³，防洪库容 5 亿 m³。工程于 1993 年建成发电，装机容量 1 200 MW，保证出力 187 MW，年发电量 30.4 亿 kW·h。

---

① 中南勘测设计研究院有限公司，2016. 湖北省清江水布垭水电站竣工环境保护验收调查报告。

图 4.24　水布垭水电站坝下河道

隔河岩水电站坝下水位一般与高坝洲水电站回水衔接。现场调查情况见图 4.25、图 4.26。

图 4.25　隔河岩水电站坝址

7. 高坝洲水电站

高坝洲水电站是清江干流最下游的一个梯级，是隔河岩水电站的反调节梯级，工程主要任务是发电和航运。工程布置从左至右为左岸非溢流坝、河床式水电站厂房、深孔泄洪坝段、表孔溢流坝段、升船机坝段及右岸非溢流坝段。坝顶长 419.5 m，最大坝高 57 m。正常蓄水位 80 m，水库库容 4.3 亿 m³，坝区回水长 50 km，与隔河岩水电站尾水相接。

图 4.26　隔河岩水电站坝下河道

　　高坝洲水电站坝下约 1.6 km 处建有高坝洲水文站，高坝洲水文站内设有流量实时监测设施，可以实现流量实时在线监测。根据高坝洲水文站 2012～2016 年监测资料，2012～2016 年高坝洲水电站生态基流满足程度分别为 98.1%、83.0%、87.9%、86.0%、84.3%。现场调查情况见图 4.27、图 4.28。

图 4.27　高坝洲水电站坝下河道

图4.28 高坝洲水文站流量实时在线监测

4.3.6 汉江支流堵河与玉泉河流域

1. 堵河

1) 鄂坪水电站

鄂坪水电站位于湖北省十堰市竹溪县鄂坪乡境内，水电站装机容量 3×3.8 万 kW，水库正常蓄水位 550 m，总库容 3.03 亿 m^3，具有年调节能力。鄂坪水电站在设计及建设过程中未提出生态流量泄放要求，堵河流域泗河汇湾段水电开发规划环境影响评价过程中补充提出了堵河上游各梯级的生态流量要求。

现场调查时根据水电站工作人员的介绍，鄂坪水电站未设置生态流量专用下泄装置，主要通过发电机组下泄流量，当水电站不发电时，生态流量无法保证。根据鄂坪水电站水文实时监测资料，该水电站部分时段下泄流量不足 3.5 m^3/s，没有达到最小下泄流量要求。现场调查情况见图4.29、图4.30。

2) 潘口水电站

潘口水电站位于湖北省十堰市竹山县境内的汉江支流堵河下游的潘口河河口上游1.2 km处，下距竹山县县城约 13 km，距十堰市约 162 km，距黄龙滩水电站约 107.7 km，距堵河河口 135.7 km，是堵河干流两河口以下梯级开发的"龙头"水库。潘口水电站控制流域面积 8 950 km^2，约占堵河流域面积 12 502 km^2 的71.6%，是堵河干流开发的控制性工程。潘口水电站于 2011 年 9 月 8 日下闸蓄水，2012 年 5 月 31 日首台机组投产发电。

图 4.29　鄂坪水电站坝下河道

图 4.30　鄂坪水电站下游河道

　　根据潘口水电站环境影响评价报告书批复文件和设计变更报告要求，潘口水电站应下泄不小于 16.70 m^3/s 的流量用于生态环境用水。潘口水电站和下游小漩水电站为上下游衔接的梯级水电站，可以通过小漩水电站对潘口水电站发电流量进行反调节来下泄生态流量，小漩水电站设置了生态放流管。

　　根据潘口水电站实际调度运行资料，在小漩水电站运行前（2012 年 6～11 月），潘口水电站有 70 天下泄流量小于 16.7 m^3/s，生态流量下泄不达标率为 38.3%。潘口水电站在 2012 年 6 月以后虽具备正常运用条件，但受工程施工、库区工程建设及下游配套工程建设的限制，以及水库前期蓄水较少的影响，2012 年潘口水电站未能蓄水至正常蓄水位，受蓄水影响潘口水电站下泄流量不能达到生态流量下泄要求。现场调查情况见图 4.31。

图 4.31　潘口水电站坝下在线监测系统

3）小漩水电站

小漩水电站位于湖北省十堰市竹山县境内的堵河上游河段，坝址位于竹山县县城上游，距城关约 3 km，距上游潘口水电站坝址约 10 km，距下游黄龙滩水电站坝址约 98 km。坝址控制流域面积 9 040 km²。工程开发任务以发电为主，兼具改善库区航运的功能，并对潘口水电站具有反调节作用。该工程为 III 等工程、中型水库，主要建筑物 3 级。水库正常蓄水位 264.0 m，校核洪水位 269.1 m，总库容 0.367 4 亿 m³，具有日调节能力。

根据现场调查，小漩水电站设置了生态放流管，可满足生态流量下泄要求，并在坝址上、下游建立了坝上、坝下水位在线自动测报系统。现场调查情况见图 4.32、图 4.33。

4）黄龙滩水电站

黄龙滩水电站是堵河干流最下游的一个梯级，坝址距堵河河口约 20 km。黄龙滩水电站首台机组于 1974 年 5 月投产发电，2005 年对机组进行了扩建，扩建后水电站总装机容量 51 万 kW，水库总库容 11.625 亿 m³，具有季调节能力。

图 4.32　小漩水电站生态放流管泄放生态流量

（a）小漩水电站坝上　　　　　　　　　　（b）小漩水电站坝下
图 4.33　小漩水电站水位在线自动测报系统

　　黄龙滩水电站下游 2 km 设有黄龙滩水文站，其间无支流汇入，黄龙滩水文站的监测数据可以反映黄龙滩水电站的下泄流量情况。黄龙滩水文站生态基流控制指标为 17.7 m³/s，根据黄龙滩水文站 2013～2017 年的生态流量达标情况统计结果，2013～2017 年黄龙滩水电站生态基流满足程度分别为 73.2%、79.7%、93.4%、88.8%、88.8%，达标率较低，部分时段未按要求下泄生态流量。

　　根据现场调查，黄龙滩水电站未安装生态流量专用泄放装置，水电站额定发电流量 123 m³/s，当水电站不发电时，生态流量无法保障。现场调查情况见图 4.34、图 4.35。

2. 玉泉河

　　玉泉河系汉水南河上段，发源于大神农架东北麓的韭菜垭子，河流横跨神农架林区，在阳日湾与苦水河汇合后称粉青河，往东与左支马栏河汇合后始称南河，南河全长 267 km，流域面积 6 497 km²。从河源至阳日湾（苦水河河口以上）称玉泉河，玉泉河河道长 82 km，流域面积 1 237 km²，主河道平均比降 19.1‰，支流密集，坡陡流急，主要支流有黑水河、纸厂河、里叉河、庙儿沟、宋洛河、南阳河、木鱼河、响水河等。

图 4.34 黄龙滩水电站下泄流量

图 4.35 黄龙滩水电站坝下河道

　　根据《神农架林区玉泉河流域水电开发规划调整报告》[1]，玉泉河干流水电开发梯级方案为"一库六站"，其中一库指龙潭嘴水库，六站自上而下依次为里叉河（玉泉河一级）水电站、两河口水电站、饶家河水电站、龙潭嘴水电站、龙潭嘴二级水电站和阳日湾水电站，均为引水式或混合式开发。

2016 年 10 月对玉泉河流域进行了现场调研，先后查勘了两河口水电站、饶家河水电站、阳日湾水电站。

1）两河口水电站

两河口水电站坝址位于庙儿沟出口以下约 500 m，来水面积 470 km²，河床高程 882 m，正常蓄水位 890.2 m。引水隧洞全长 5.51 km，位于玉泉河左岸，水电站厂房位于宋洛河出口下游约 300 m。水电站设计水头 90 m，装机容量 8 000 kW，年发电量 3 614.79 万 kW·h，年利用小时数为 4 518 h。

根据现场调查，部分支流上的水电站的发电尾水进入两河口水电站库区，两河口水电站通过生态放流管下泄生态流量，生态流量保障措施落实较好。现场调查情况见图 4.36。

图 4.36 两河口水电站生态流量泄放情况

2）饶家河水电站

饶家河水电站坝址位于南阳河出口下游 1.0 km 处，与两河口水电站厂房相距约 1.6 km，来水面积 640 km²，河床高程 770 m，正常蓄水位 787 m。引水隧洞位于左岸，全长 4.8 km。厂房位于龙潭嘴水库库尾饶家河，水电站设计水头 98 m，装机容量 12 600 kW，年发电量 5 483.8 万 kW·h。

饶家河水电站与两河口水电站隶属同一业主，根据现场调查，饶家河水电站通过生态放流管正常向下游泄放生态流量，生态流量保障措施落实较好。现场调查情况见图 4.37。

图 4.37 饶家河水电站生态流量泄放情况

3）阳日湾水电站

阳日湾水电站是以引水为主的混合式水电站，为玉泉河最下一个梯级，坝址位于李家岩，集水面积 831 km²，正常蓄水位 538 m，总库容 640 万 m³，调节库容 260 万 m³，调节性能较差，基本属于径流式水电站，设计水头 36 m，装机容量 4 100 kW，年发电量 2 171.43 万 kW·h。

根据现场调查，龙潭嘴至阳日湾河段的河道内流量正常，没有出现减水现象，阳日湾水电站正常下泄弃水，下游河道流量下泄正常。现场调查情况见图 4.38、图 4.39。

图 4.38 龙潭嘴至阳日湾河段的河道

图 4.39　阳日湾水电站向下游弃水

4.3.7　香溪河流域

1. 高岚河水电站

高岚河水电站位于湖北省宜昌市兴山县高岚镇内，是一座小（2）型引水式水电站，装机容量 1 050 kW。根据现场调查，高岚河水电站进行了生态流量泄放设施改造，通过无控制的溢流堰下泄生态流量，并在坝下安装了生态流量在线监控装置。现场调查情况见图 4.40～图 4.42。

图 4.40　高岚河水电站

图 4.41　高岚河水电站生态溢流堰

图 4.42　高岚河水电站生态流量监控装置

2. 三堆河水电站

　　三堆河水电站位于神农架林区南部南阳河的红花坪至三堆河河段，工程紧靠 209 国道，南距兴山县县城 40 km，北距神农架林区松柏镇 130 km。三堆河水电站于 2001 年 11 月建成发电，是以发电为主要任务的小型引水式水电站工程，水电站规模为小（1）型，装机容量 14 500 kW，取水主坝位于红花坪村，水电站厂房位于神农架林区与兴山县交界的中河村内。

　　三堆河水电站增设了生态流量下泄设施，通过对坝体进行改造，保证生态流量不间断下泄，并增设了生态流量在线监控系统。现场调查情况见图 4.43。

图 4.43 三堆河水电站生态流量下泄设施及监控装置

3. 青峰水电站

青峰水电站位于神农架林区木鱼镇青峰村的南阳河上，是一座小（2）型引水式水电站，装机容量 640 kW，青峰水电站增设了生态流量下泄设施，通过对坝体进行改造，保证生态流量不间断下泄。现场调查情况见图 4.44。

图 4.44 青峰水电站生态流量下泄设施

4. 腰水河一级水电站

腰水河一级水电站位于神农架林区木鱼镇，为小（2）型引水式水电站，装机容量 1 000 kW。腰水河一级水电站增设了生态放流管，保证生态流量不间断下泄。现场调查情况见图 4.45。

图 4.45 腰水河一级水电站生态流量下泄设施

4.3.8 沅江流域

1. 观音岩水电站

观音岩水电站是沅江一级支流潕阳河干流上的第四个梯级，位于施秉县县城西北 9 km 的潕阳河上，承担发电及防洪的综合任务。工程于 1987 年 1 月动工，1993 年 6 月建成。水库控制集水面积 941 km^2，坝址处多年平均流量 16.1 m^3/s。水库正常蓄水位 599 m，死水位 577 m，汛限水位 596 m。水库总库容 12 300 万 m^3，正常蓄水位相应库容 11 560 万 m^3，死库容 3 930 万 m^3，调节库容 7 630 万 m^3，具有年调节性能。水电站总装机容量 16 000 kW。

按照多年平均流量的 10%计算，观音岩水电站生态流量为 1.61 m^3/s。目前该水电站未安装在线流量监测设施，下泄流量通过水电站发电量进行推算。根据 2015～2017 年观音岩水电站逐日下泄流量统计结果，2015～2017 年日均最小下泄流量分别为 1.78 m^3/s、4.44 m^3/s、4.44 m^3/s，均能满足生态流量要求，生态流量满足程度为 100%。现场调查情况见图 4.46。

2. 红旗水电站

红旗水电站属潕阳河干流规划的第六个梯级，距镇远县县城 12 km，距观音岩水电站 20 km。工程以发电为主，兼有防洪保护任务，下游有镇远县县城、湘黔铁路等重要保护对象。工程于 1981 年建成蓄水。水库控制集水面积 2 120 km^2，坝址处多年平均流量 35.1 m^3/s。水库正常蓄水位 508 m，死水位 499 m，汛限水位 507 m。水库总库容 5 800 万 m^3，正常蓄水位相应库容 4 740 万 m^3，死库容 2 700 万 m^3，调节库容 2 040 万 m^3，具有季调节性能。水电站总装机容量 16 000 kW。

图 4.46　观音岩水电站生态流量下泄设施

　　按照多年平均流量的 10%计算，红旗水电站生态流量为 3.51 m³/s，目前该水电站未安装在线流量监测设施，下泄流量通过水电站发电量进行推算。根据 2015～2017 年红旗水电站逐日下泄流量统计结果，2015～2017 年日均最小下泄流量分别为 9.83 m³/s、9.77 m³/s、9.90 m³/s，均能满足生态流量要求，生态流量满足程度为 100%。现场调查情况见图 4.47。

图 4.47　红旗水电站生态流量下泄设施

参 考 文 献

曹晓红, 2013. 确定生态流量减缓不利影响[N/OL]. 中国环境报, 2013-10-24[2023-12-15].

第5章
生态流量计算的关键技术

5.1 生态流量计算方法及其适用性

5.1.1 常见生态流量计算方法

目前，我国常用的生态流量计算方法可分为水文学法、水力学法、生境模拟法和综合法四大类（葛金金 等，2020）。

水文学法又称历史流量法，该方法在河道长系列历史水文监测数据可获取的情况下，以固定流量（年平均或日平均）的不同百分数代表维持河流不同生态环境功能所需的最小流量，即推荐生态流量（何川，2021）。常见的水文学法包括 Tennant 法（Armentrout and Wilson，1987）、7Q10 法（Caissie et al.，1998）、Q_P 法、Texas 法（Mathews and Bao，1991）、近 10 年最枯月平均流量法、流量历时曲线法、最小月平均流量法、变异性范围法（northern great plains resource program method，NGPRP 法）（Dunbar et al.，1998）、基本流量法（base flow method）（Palau and Alcázar，2012）、近 10 年最小月平均流量法、变异性范围法（range of variability approach，RVA）、频率曲线法、年内展布法和最小月平均径流法等。

水力学法以曼宁公式为理论基础，构造河道典型断面流量与水力要素之间的关系，以水力要素发生显著变化时的流量为维持河道生态功能的推荐生态流量。常见的水力学法主要包括湿周法（Gippel and Stewardson，1998）、R2-Cross 法（Mosley，1982）等。

生境模拟法以指示水生物种栖息地的生物信息、环境要素、水文条件和水力条件等为数据与理论基础构建模型，分析河道水力、环境等条件变化（如流量变化）对栖息地物理生境的影响，绘制栖息地适宜度曲线，评价栖息地适宜度，确定河道生态基流（易雨君 等，2013；Lee et al.，2006；Bloesch et al.，2005；Spence and Hickley，2000）。该方法考虑的主要水文水力条件包括流量、流量过程、流速、最小水深等，主要环境要素包括底质情况、水温、溶解氧、碱度、浊度、透光度等（何川，2021）。常用的生境模拟法包括河道内流量增加法（instream flow incremental methodology，IFIM）（Statzner and Mülle，1989）与物理栖息地模拟（physical habitat simulation，PHABSIM）模型（Booker and Dunbar，2004）结合、IFIM 与 River2D 模型（Pasternack et al.，2004）结合、河流需水计算辅助仿真模型（computer aided simulation model for instream flow requirements，CASIMIR）（Theiling and Nestler，2010）等。

　　综合法将生态系统视为一个整体，须考虑流量、泥沙运输、河床形状与河岸带群落关系，兼顾河流的生物保护、栖息地维持、泥沙沉积、污染控制和景观维护等多种生态系统服务功能，结合多行业专家的意见，综合推荐河道生态环境流量及其过程。常见的综合法主要包括 BBM（King，2016）、整体研究法（Arthington et al.，1992）、水文变化的生态限度（ecological limits of hydrologic alteration，ELOHA）框架法（Poff et al.，2010）、下游河道对流量变化响应（downstream response to imposed flow transformations，DRIFT）法（侯俊 等，2023；Arthington et al.，2003）等。

　　国内外常见生态流量计算方法具体情况见表 5.1。

表 5.1　常见生态流量计算方法

类别	方法	计算方法	使用或限制条件	特点
水文学法	Tennant 法	以年平均径流量的百分数（一般为 10%～30%）为河流推荐生态基流，工程推荐最小生态用水量不应小于所在河流多年平均流量的 10%	适用于有 30 年以上长系列实测水文资料、流量较大的河流；可作为河流开发初期目标管理、战略性管理的参考生态保护指标	方法简单快速，不需要现场测量，可将全年分为多水期和少水期两个时段，反映了年径流量的丰枯变化特征；具有地区限制，不适合干旱地区的季节性河流，需要长系列水文数据，没有考虑栖息地、水质等因素
	7Q10 法	将 90%保证率下连续最枯 7 天平均流量作为推荐生态基流	须有长序列水文资料，适用于水资源量小、开发利用程度较高的河流；可作为保障河流水质目标的环境需水量	常低估河流流量需求，使河流生态功能要求不能得到满足
	Q_P 法	又称不同频率最枯月平均流量法，以不同频率（P）下的天然最枯月平均流量（或水位、径流量）为生态流量。P 一般取 90%或 95%	须有 20 年以上天然日或月流量（水位）资料，适合水资源量小且开发利用程度已经较高的河流	计算简单，一般用于纳污能力计算，实测水文资料应进行还原和修正，缺乏生物学依据
	Texas 法	以 50%保证率下月流量的特定百分比为推荐最小生态流量	须有长系列水文资料；适用于流量变化主要受融雪影响的河流	考虑了季节变化因素，需根据区域典型植物及鱼类需求来确定特定百分比，在其他类型河流的适用性还需进一步研究
	近 10 年最枯月平均流量法	以近 10 年最枯月平均流量为推荐生态流量	适用于缺资料地区、非季节性河流	计算简单，可以用于纳污能力计算，缺乏生物学依据，结果偏小
	流量历时曲线法	构建各月流量历时曲线，以某个累积频率对应的流量为推荐生态流量，P 一般可取 90%	须有 20 年以上的日均流量资料	简单快速，同时考虑了各个月份流量的差异，缺乏生物学依据

续表

类别	方法	计算方法	使用或限制条件	特点
水文学法	近10年最小月平均流量法	缺乏长系列水文资料时，将近10年最枯月（或旬）平均流量（水位或径流量），即10年中的最小值，作为基本生态环境需水量	须有近10年实测天然月（或旬）流量（水位）资料；适用于干旱、半干旱区域及生态环境目标复杂的河流	操作简单；没有考虑栖息地、水质等因素；对于生态目标相对单一的地区，计算结果偏大
	RVA	通过规定流量指标的RVA阈值（上下限）来估算河流生态流量，通常将变化水文指标法（indicators of hydrologic alteration，IHA）各指标发生概率为75%和25%的值作为RVA的上下限	须有20年以上连续的日流量序列	通过对比人类活动影响前后的河流水文情势，反映水利工程建设及运行对河流流量的影响程度
	NGPRP法	将年份分为枯水年、平水年和丰水年，将平水年90%保证率的流量作为最小生态流量	适用于具有长系列实测水文资料的河流	考虑了气候状况和可接受频率，缺乏生物学依据，也没有体现河段形状的变化
	基本流量法	根据平均年逐日最小流量系列，计算相邻两天的流量变化情况，相对流量变化最大处的流量即推荐生态流量	须有长系列日尺度实测水文资料	能反映出年平均流量相同的季节性河流和非季节性河流的生态流量区别，计算简单，但缺乏生物学依据
	频率曲线法	将95%频率对应的流量作为推荐生态流量	适用于北方的季节性河流，计算结果偏小	计算简单，缺乏生物学依据
	年内展布法	通过同期均值比与月均径流过程共同确定河流的推荐生态流量	适用于具有连续径流过程的大中型河流	
	最小月平均径流法	以河流最小月平均实测径流量的多年平均值为河流的推荐生态流量	适用于有长系列实测水文资料的地区	
水力学法	湿周法	将湿周作为栖息地的质量指标，绘制典型断面湿周-流量关系曲线，以曲线转折点对应的流量为河道推荐流量值	须具有实测断面、流量-水位关系、水力参数（宽度、湿周等），适用于河床形状稳定的宽浅矩形和抛物线形河道	计算相对简单，所需数据量少，考虑了栖息地因素，直接体现河流湿地及河谷林草需水，但体现不出季节变化，受河道形状和断面选取影响较大
	R2-Cross法	以河流宽度、平均水深、平均流速及湿周率等与生物需求有关的水力参数为指标来评估河流栖息地的保护水平	须有实测断面、流量-水位关系、水力学临界参数，适用于河宽小于30 m的非季节性中小型河流	综合考虑了水力特性和生态特性，但体现不出季节变化，研究断面选取对结果影响较大
生境模拟法	IFIM/PHABSIM模型	基于不同生长阶段的水生指示物种的生物学信息和现场水文、水力、水化学状况，采用PHABSIM模型模拟流速变化与栖息地类型的关系，建立流速栖息地适宜度曲线，计算适于指定水生物种的生境面积，评价流量、流速等条件变化对栖息地的影响	须有水文资料、地形资料、生物监测资料，适用于大中型河流内的水生生物所需生态流量的计算	考虑了河流特定物种的生存适宜性，数据需求量较大，数据获取困难，操作较为复杂，使用难度较高，可转移性偏差，难以在大规模的河流流域中应用

续表

类别	方法	计算方法	使用或限制条件	特点
生境模拟法	IFIM/River2D模型	流速变化和栖息地类型的关系采用River2D 软件模拟,其鱼类栖息地模块可利用 PHABSIM 模型的加权有效面积方法计算可利用栖息地面积(WUA)。该方法采用三角形无结构网格,可在可视化系统中显示水动力模拟和鱼类栖息地模拟的结果	适用于鱼类生境二维模拟	集成软件,可以推广应用,二维模拟对局部流态来说更准确,可以提供精确的栖息地适宜性及有效性模拟,具有可视化功能。基础数据需求量大
综合法	BBM	根据生态学和地理学、水文学等多学科专家的意见,定义河流干旱年基本流量、正常年基本流量、干旱年高流量、正常年高流量等流量状态,确定河流的基本特性,提出对河流流速、水深和宽度等的要求,进行水文数据分析,推荐符合河流实际情况的生态流量	须有河流流量、流速、水深、宽度、生物等资料,须有跨学科专家组意见、实地调研、公众参与等,适用于世界各国	考虑河流整体系统稳定和专家意见,符合河流生态系统的实际情况,可与流域管理规划结合,但针对性过强,计算过程比较烦琐,人力物力需求大,时间长,一般需要 2 年以上时间
	整体研究法	与 BBM 相似,将河流系统视为一个整体,从生态系统全局出发研究流量与水质、泥沙、河床、河岸群落带等之间的关系		
	ELOHA 框架法	通过建立水文情势变化与生态响应的定量关系构建环境流标准的方法	主要针对河流大规模取水及水库径流调节改变了自然水文情势的河流	可用于确定已开发河流的环境流标准,预测规划水利工程和河流开发发生态响应,资料需求量大
	DRIFT 法	基于场景开发,用所有生物与非生物组成部分构成整体的生态系统,从水文学、河流地貌学、沉积学、生物学、社会学、经济资源学等多方面进行环境流量评估及水生生态系统健康评价	适用于理论实践基础好,且水文、生态、社会、经济等资料丰富的地区	对不同环境流量场景下的区域发展与生态系统健康状况进行多角度有效评估,应用前景广泛,但对于经济效益及生态补偿研究的融合仍缺少实践经验

5.1.2　生态流量计算方法的适用性

在实际生态流量计算工作中,需要明确水文学法、水力学法、生境模拟法和综合法的特征、适用性及其优缺点,从而根据生态保护需求及各方法的特点选定合适的生态流量计算方法。

水文学法原理相对简单、不需要现场测量数据,具有简单、快速的特点,已成为河湖生态基流计算中最简单、最常用、最具代表性的方法。该方法假设流量能维持水生生物现存的生命形式和原有生活条件,没有明确考虑食物、栖息地、水质和水温等因素，也未考虑河段形状的变化，因此该方法计算精度不高，难以满足实际生态系统的修复需求。此外，水文学法过于依赖历史水文监测数据，在偏远山区、无资料地区等缺乏长期监测的河流推广应用难度大。因此，水文学法适合对河流进行最初的目标管理，推荐用于被限制进行水资源开发利用的河流或用于计算优先度不高的河流生态流量。在实际生态流量计算工作中，水文学法需与其他方法配合使用，可以作为其他方法成果合理性的参考（Jehng-Jung and Bau，1996；Mathews and Bao，1991；Tennant，1976）。

水力学法仅通过河道断面水力学参数确定最小生态需水量，只需要进行简单的现场测量，不需要详细的物种生境关系数据。该方法的应用前提是有历史或模拟的流量、河道水力学参数等。其中，水力学参数主要包括水面宽度、河道水深、横断面面积、湿周、流速等，可在野外现场测量收集。水力学法的优点是：①考虑了不同河道内不同河段的差异，针对性强；②不需要详细的物种生境关系数据，所需的水力学参数数据可以通过现场测量，获取手段相对简单。缺点是：①水力学法以曼宁公式为基础，假定河道在时间尺度上是稳定的，河床形态短时间内不会发生显著变化；②该方法假定选择的典型横断面能够反映整个河道的河床特征，计算结果依赖典型断面的选取；③该方法忽略了断面流速的季节性变化，无法考虑物种在不同生命阶段的水力需求，体现不出季节变化因素（汪志荣 等，2012）。水力学法适用于小型河流、流量很小且相对稳定的河流、泥沙含量小且水环境污染不明显的河流，并用于某些无脊椎动物、特殊物种保护需要的生态流量的确定，该方法可与其他方法结合使用，提供水力学依据。

生境模拟法（又称栖息地评价法）将水文学、水力学参数与生物信息相结合，是对水文学法和水力学法的补充。该方法需要确定生态保护目标，搜集河道地形、水文数据等基础资料，分析目标物种栖息地与河流流量的影响关系，设置物种对栖息地的偏好，最终确定栖息地特定物种的最适宜流量。生境模拟法在水力学法的基础上考虑了水量、流速、水质、水生生物目标等需求，但该方法所需的生物资料难以获取，且没有考虑河流地形地貌演变、不同物种间的生物关系（如竞争、捕食等）、水温等因素的影响，在体现生态系统完整性方面有所欠缺。

综合法是现阶段的研究重点和主流研究方向，相较于水文学法和生境模拟法仅能考虑一两种生物需求的缺点，综合法强调河流是一个综合生态系统，可兼顾多种生态保护目标和生态服务功能。综合法的计算过程需要以水文数据、水力学参数、生物信息等多类型资料为基础，同时参考多学科专家的意见，最终综合确定生态流量。该方法对研究人员的技术水平要求高，操作复杂，在实际工作中应用难度较其他方法更大（张代青，2007；Petts，1996）。

合适的生态流量计算方法一般需要结合各方法本身的适用性、区域生态保护目标及资料掌握情况等综合确定。表 5.2 列出了不同生态保护目标下推荐的生态流量计算方法及各类方法所需的资料情况。常用的生态流量计算方法中，水文学法对数据要求较低，一般仅需要 10 年或 20 年以上、受人类活动影响较小的长序列水文资料，若水文资料受人类活动影响较大，则需开展径流还原计算。由于我国水文部门在重要流域的关键控制断面均设有水文站，在全国范围内建成了完备的水文站网，水文资料较水力、生态等其他资料更易获取。因此，水文学法常作为生态流量计算的基础方法。水力学法需以水文资料和河道水力学参数为基础，其中河道水力学参数一般未设常规监测，需通过实地调查才能获得。水力学参数调查与河床特性有关，如考虑到湿周法的适用范围，水力学参数调查仅限河床形状稳定的宽浅矩形和抛物线形河道。水力学参数调查一般根据河床特征选取典型断面，调查结果具有一定的主观性。因此，在实际生态流量计算工作中，水力学法一般与水文学法结合使用。生境模拟法的数据基础除了水文资料和水力学参数等外，还需要水生生物资料，可通过调查水生生物在不同生长发育时期的水文、水力、水质等多方面的需求来获取，但水生生物资料调查周期长、任务烦琐、人力物力需求大，获取难度较大。综合法所需的资料复杂，包括大量水文数据、水力学参数、水生生物资料、水环境资料、社会资料和多学科专家咨询意见等，获取以上全部资料难度较大，费时费力。因此，生态流量计算方法主要是在明确生态保护目标的基础上，依据区域资料的掌握情况来合理选取。

表 5.2　基于生态保护目标确定生态流量计算方法

生态保护目标	推荐方法	资料需求
保持河道不断流，维持河道基本功能	水文学法	长时间序列水文资料
保持河流栖息地完整性	水力学法	流量、水位等水文资料，水力学参数
保护鱼类、特殊物种等水生生物生境	生境模拟法	流量、水位等水文资料，水力学参数，水生生物资料
保护水生生物生境，保持泥沙沉积平衡，保障水质目标，维持河湖景观等	综合法	水文资料、水力学参数、水生生物资料、水环境资料、社会资料等

5.1.3　生态流量计算相关技术标准

为规范国内河湖生态流量计算工作，生态环境部、水利部、国家能源局等有关部门制定了《关于印发〈水电水利建设项目河道生态用水、低温水和过鱼设施环境影响评价技术指南（试行）〉的函》（环评函〔2006〕4号）、《河湖生态环境需水计算规范》（SL/T 712—2021）、《水电工程生态流量计算规范》（NB/T 35091—2016）等一系列技术导则和标准规范。本书梳理了我国现行规范标准、导则、技术文件中推荐的生态流量计算方法，见表5.3。

表 5.3　我国现行规范标准、导则、技术文件中推荐的生态流量计算方法

时间	规范名称	生态流量计算方法
2006年	《关于印发〈水电水利建设项目河道生态用水、低温水和过鱼设施环境影响评价技术指南（试行）〉的函》（环评函〔2006〕4号）	河道外植被生态需水量计算：直接计算法、间接计算法。 维持水生生态系统稳定所需水量：水文学法(Tennant法、最小月平均径流法)；水力学法(湿周法、R2-Cross法)；组合法(水文-生物分析法)；生境模拟法；综合法；生态水力学法。 维持河流水环境质量的最小稀释净化水量：7Q10法、稳态水质模型、环境功能设定法

续表

时间	规范名称	生态流量计算方法
2006 年	《江河流域规划环境影响评价规范》（SL 45—2006）	河道内生态需水量：Tennant 法、BBM 等。 河道生态基流：Q_P 法、湿周法或其他方法。 水生生物需水量：水文—生物分析法、生境模拟法、生态水力学法等方法。 河口生态需水量：分项计算方法
2008 年	《水资源供需预测分析技术规范》（SL 429—2008）	河道内生态环境需水量分为四个层次：生态基流为河道控制节点的天然径流系列的 90%统计频率的最小月平均流量；河道内最小生态环境需水量，一般占河道控制节点多年平均径流量的 10%～30%；满足特殊要求的生态环境需水量一般也采用占多年平均径流量的百分数进行分析估算；河道内生态环境总需水量为多年平均径流量减去多年平均河道外耗损水量所剩余的水量。 按照生态环境功能计算河道内生态环境需水量：流量计算方法（标准流量设定法），如 7Q10 法、河流流量推荐值法等；水力学法，如 R2-Cross 法、湿周法等；基于生物学基础的栖息地法，如 IFIM、CASIMIR。 具体方法可参阅《江河流域规划环境影响评价规范》（SL 45—2006）附录 C 和有关文献。 在分别计算各项河道内需水量的基础上，分时段取外包并相加，汇总和协调平衡后得出综合的河道内需水量
2010 年	《河湖生态需水评估导则（试行）》（SL/Z 479—2010）	水文学法（Tennant 法、流量历时曲线法、RVA 法等）； 水力学法（湿周法、R2-Cross 法、简化水尺分析法、WSP 水力模拟法）； 生境模拟法（IFIM、PHABSIM 模型、有效宽度法、加权有效宽度法）； 综合法（南非的 BBM、澳大利亚的整体法）等
2010 年	《关于印发〈水工程规划设计生态指标体系与应用指导意见〉的通知》（水总环移〔2010〕248 号）	生态基流：水文学法、水力学法、生境模拟法和整体法等。 敏感期生态需水：历史流量法（河口生态需水）、生境模拟法（重要水生生物生态需水）
2013 年	《水资源保护规划编制规程》（SL 613—2013）	生态基流：水文学法（Tennant 法、90%保证率法、近 10 年最枯月平均流量法、流量历时曲线法、7Q10 法）；水力学法（湿周法）。 敏感生态需水：参考《全国水资源保护规划技术大纲（试行）》
2015 年	《河湖生态保护与修复规划导则》（SL 709—2015）	参照《水资源保护规划编制规程》（SL 613—2013）的有关规定。 确定生态基流要满足以下基本要求：①采用尽可能多的方法计算生态基流，并对比分析各计算结果，选择符合流域实际的方法和结果。②对于我国南方河流，生态基流一般采用不小于 90%保证率的最枯月平均流量和多年平均天然径流量的 10%之间的大值，也可以采用 Tennant 法取多年平均天然径流量的 20%～30%。对于北方地区河流，生态基流分非汛期和汛期两个水期分别确定，一般情况下非汛期不低于多年平均天然径流量的 10%；汛期可以按多年平均天然径流量的 20%～30%计算；在冰冻期，如天然来水不足多年平均天然径流量的 10%，生态基流可以按天然来水下泄
2021 年	《河湖生态环境需水计算规范》（SL/T 712—2021）	水文学法[Tennant 法和 Q_P 法、近 10 年最枯月平均流量（水位）法、频率曲线法、RVA 法]；水力学法（河床形态分析法、湿周法、生物空间法、R2-Cross 法）；生境模拟法（生物需求法、IFIM）；综合法（BBM、ELOHA 框架法）等

生态流量计算方法的发展可大致分为 2010 年以前和 2010 年至今两个阶段。

第一阶段，生态流量概念及内涵尚不清晰，生态流量计算内容繁杂，主要任务是计算特定水平下满足河流生态系统各项功能正常运行的需水量和需水过程，涉及河道内和河道外生态需水量，包括河道内生态环境需水量、河道生态基流、水生生物需水量、河口生态需水量、河道外植被生态需水量、维持水生生态系统稳定所需水量、维持河流水环境质量的最小稀释净化水量等多项内容。从概念和计算方法来看，该阶段生态流量计算主要是按生态保护目标分项、分时段计算，再将各项计算结果的外包值相加，进行汇总和协调平衡，得出综合的河道生态需水量。从生态保护目标来看，该阶段涉及维持河道基本生态功能稳定、维持水生生物正常生长、保护特殊生物和珍稀物种生存、保护和改善河流水质、维持河道外植被生态健康、实现环境美化目标和其他具有美学价值的目标、保护和维持河流水沙平衡及水盐平衡等多个目标。

第二阶段，生态流量概念和内涵更清晰，研究对象和保护目标更明确，关注重点聚焦在河道内不同时段、不同生态保护目标下的生态需水量计算。根据河道内生态保护目标各阶段生态需求的差异，可分为生态基流和敏感生态需水。该阶段生态流量计算具有多学科知识交叉融合的特点，与生态学、计算机科学、社会学等相结合，针对敏感对象的需求发展出 PHABSIM 模型、有效宽度法、加权有效宽度法、BBM 等多种方法，并引入新发布的指南、导则中。此外，随着人们对生态环境保护需求的提高和流域性统筹调度方案的推行，生态流量管控目标与时俱进，如《关于印发〈长江保护修复攻坚战行动计划〉的通知》（环水体〔2018〕181 号）提出："2020 年年底前，长江干流及主要支流主要控制节点生态基流占多年平均流量比例在 15% 左右。"长江流域生态流量管控目标的确定工作需结合区域特征、敏感对象生态保护需求、现行规范标准规定及最新生态保护相关政策综合拟定。

5.2　生态流量确定要点分析

5.2.1　河湖生态流量确定要点

河湖生态流量管控目标需要根据生态保护目标需求，合理确定生态基流和敏感期生态流量。针对生态保护目标有产卵、洄游等特殊生态需求的敏感期，需要计算敏感期生态流量，非敏感期则需要计算生态基流。科学确定河湖生态流量，需要理清以下几个要点。

1. 明确河湖生态保护目标

《水利部关于做好河湖生态流量确定和保障工作的指导意见》（水资管〔2020〕67号）中明确提出，具有特殊生态保护对象的河流，还应确定敏感期生态流量。根据《全国水资源保护规划技术大纲（试行）》和《水资源保护规划编制规程》（SL 613—2013）

的有关规定，敏感生态需水应针对不同生态敏感区及其敏感期分别进行计算。其中，主要生态敏感区类型及其敏感期为：I 类生态敏感区为具有重要保护意义的河流湿地及以河水为主要补给源的河谷林，敏感生态需水为丰水期的洪水过程；II 类生态敏感区为河流直接连通的湖泊，敏感期为逐月，敏感生态需水以月均生态水量的形式给出；III 类生态敏感区为河口地区，全年均为敏感期，敏感生态需水以年生态需水总量的形式给出；IV 类生态敏感区为珍稀濒危、特有、土著等重要水生生物的分布区，或者重要经济鱼类产卵场、索饵场、越冬场、洄游通道等分布区，主要敏感期为繁殖期，敏感生态需水为重要水生生物繁殖、索饵、越冬所需的流量过程（钱湛 等，2018；闫耕泉和李庆庆，2014；朱党生 等，2011）。各类敏感区的敏感期情况见表 5.4。近年来，随着人们对生态环境保护意识的加强，保护底栖动物、水华防控、保持水-盐平衡和水-沙平衡等均可以作为生态敏感期保护目标。因此，生态流量计算的首要任务是根据区域河湖水系特性、重要水生生物分布等确定河湖生态保护目标，明确生态基流和敏感期生态流量计算时段、生态敏感对象的类型及其特殊生态需求等。

表 5.4　敏感区类型及敏感期

分类	生态需水敏感区类型	敏感期
I 类	河流湿地和河谷林	丰水期
II 类	河流直接连通的湖泊	逐月
III 类	河口	全年
IV 类	重要水生生物分布区，重要经济鱼类产卵场、索饵场、越冬场、洄游通道等	繁殖期

2. 确定生态流量控制断面

根据《水利部关于做好河湖生态流量确定和保障工作的指导意见》，生态流量控制断面的确定需考虑生态保护对象、现有监测体系、生态流量监管要求、行政管理考核方案等，一般把跨行政区出入境断面，入海、入干流、入尾闾等水系汇口，重要生态敏感区控制断面，主要控制性水工程断面等作为河湖生态流量计算和监管的控制断面。从生态流量监管的角度，控制断面应该与相关流域综合规划、水利工程规划、生态环境保护规划、专项整治行动计划、水量分配方案等确定的生态流量控制断面一致；为了保障生态流量长期监督管理工作，生态流量控制断面宜优先选择布设有常规水文监测站点的断面。

3. 选择合适的生态流量计算方法

近几十年间，我国已发展了大量生态流量计算方法，各类方法侧重点不同，各有优劣。因此，选择合适的生态流量计算方法是确定生态流量管控目标的关键和难点。生态流量主要根据河湖生态系统的结构功能特征进行确定，不同类型生态系统的结构与功能差异较大，生态流量计算考虑的侧重点也各不相同。因此，在实际生态流量计算中，应根据不同生态系统类型对应的生态流量特征，选择合适的生态流量计算方法。以河流生态系统为例，可以根据不同河流生态系统的地理位置、河流大小、河流水系特征等对河流生态系统类型进行进一步划分，按照河流规模可分为大江大河与支流溪流；按照河流地理位置可分为山区河流与平原河网；根据河流水系特征可分为高含沙河流及咸淡水交错的河口等。对于所有的河流生态系统，水文情势及水力学要素是影响河流生态流量的重要因子。但由于生态系统特征和开发利用程度不同，不同类型河流的生态流量又有明显差异。例如，山区河流由于河势落差大、水量充足，多建有大型水利工程，须在确定生态流量时重点考虑水利工程导致的水文情势改变及其对下游河道水生生物栖息地的影响；平原河网地势平坦，水系复杂，流速较小，闸坝密布，出现了生物基本栖息地功能下降甚至丧失、河道水动力条件变差、水体自净能力降低等生态环境问题，计算生态流量时应考虑多种生态保护目标，并在关键控制断面实施严格的生态流量管控措施；部分溪流、支流等地区小水电项目过度开发，导致河流出现不同程度的萎缩甚至断流，计算生态流量时应重点考虑水流连通性；河口地区受河流汇入和海浪冲刷的双重影响，生态保护目标包括维持河口基本形态、河口滩地潮间带水生生物基本栖息地及防潮压咸等多种生态环境功能，应该结合河口泥沙输运、水生生物需水、水盐平衡等计算过程综合确定生态流量。在实际生态流量计算过程中，通常存在河流生态系统与湖泊生态系统、河流生态系统与沼泽生态系统、河流生态系统与河口三角洲等多个生态系统相互连通的情况，此时应该将多个生态系统作为一个整体考虑，综合考虑整体生态保护目标，并根据各生态系统之间的水力联系，推求满足多个生态系统的生态流量过程。

生态基流计算方法选择方面，《全国水资源保护规划技术大纲（试行）》、《水资源保护规划编制规程》（SL 613—2013）和《河湖生态环境需水计算规范》（SL/T 712—2021）等相关规范、技术文件中均曾明确规定需在基础数据满足的情况下，尽可能采用多种方法计算生态基流，对比分析各方法的计算结果，综合确定符合流域实际的方法和结果。因此，实际生态基流计算工作中应综合考虑生态系统的结构功能特征、生态保护目标需求、资料齐备情况等，尽可能多地采用水文学法、水力学法、生境模拟法等多种方法，并对比分析各方法的计算结果，选择符合实际的生态基流计算方法和结果。需要特别注意的是，水文学法依赖的实测水文数据反映的是河湖生态系统的多年平均状态，该方法的计算成果可以作为不同生态保护目标下生态流量的基础，再与其他方法的计算成果综合拟定最终的生态基流推荐值。

对于生态敏感期生态流量的确定，主要依据生态敏感期保护目标的生态需求选择合适的生态流量计算方法。鱼类生境保护方面，繁殖期和越冬期是鱼类生命周期中的两个重要的敏感期，针对鱼类敏感期的洄游、产卵等活动，须重点考虑鱼类洄游、产卵等阶段对河道流速的需求，并在生态流量计算过程中设定满足鱼类繁殖活动需求的流速目标，推求鱼类敏感期促进鱼类繁殖的生态流量及其过程；针对鱼类越冬期，须结合平原河网地区鱼类越冬行为对水深的需求，设定最小河道水深，推求鱼类越冬期所需的生态水量；针对鱼类全生命过程，须综合考虑鱼类繁殖期、越冬期、抚育期等重要时段的生态需求，提出贯穿鱼类完整生活史的生态流量过程，或者面向年内不同时期各目标物种的特殊需求确定年内生态流量过程。底栖动物保护方面，由于底栖动物种类繁多、分布广、生长周期长、对水文条件变化敏感、能反映污染的长期累积效应等特点，可以根据底栖动物栖息地质量与不同生态流量过程及基流、中流量、低流量脉冲、高流量脉冲等组分的关系确定底栖动物生活史的生态流量需求。水华控制方面，须结合水华暴发机制研究成果，结合藻类生长与流速、紊流强度等水动力条件的关系，明确水动力条件对水华的控制作用，采用抑制流速法推求满足水华控制条件的生态流量，或者基于藻类生物量平衡，采用断面通量法推算出控制水华所需的流量（林育青和陈求稳，2020）。

实际应用中，应综合考虑目标鱼类产卵、水华防控、湿地保护等多个生态敏感期保护目标的需求，分别采用多种生态流量计算方法分项计算敏感期生态流量，并在满足生态基流的基础上，取各敏感期生态需水量的外包值作为该区域敏感期生态流量的推荐值。

4. 确保生态流量计算成果的合理性

生态流量计算成果的合理性分析主要将推荐生态流量成果与区域和水文要素的时空分布特征、区域水利工程运行调度规则、上下游已有生态流量管控目标等进行对比分析，确保该生态流量与水资源、水文现状、已有管控目标的协调性，分析生态流量的可达性。一般来说，控制断面的生态流量均应该小于相应时段的天然径流量。具体来说，河流生态系统，除现状经济社会用水挤占生态环境用水的河流外，其他河流的生态流量推荐成果不应该大于该河段多年平均实测径流。区域分布上，南方地区的河流一般推荐将多年平均天然径流量的10%与90%（及以上）保证率的最枯月平均流量之间的较大值作为生态基流，也可将多年平均天然径流量的20%~30%作为推荐生态流量（钱湛 等，2018；朱党生 等，2011）；长江干流及主要支流关键控制断面的生态流量一般取多年平均流量的15%；北方地区生态基流的确定与年内时段有关，非汛期推荐生态流量不低于多年平均天然径流量的10%，汛期生态流量可以取多年平均天然径流量的20%~30%，当冰冻期的天然来水不足多年平均天然径流量的10%时，北方河流的生态基流可以按天然来水下泄。河口地区的推荐生态流量成果不大于多年平均入海水量；湖泊和沼泽的推荐生态流量应该与出入湖泊、沼泽的河流节点的生态环境需水量相协调，年内不同时段推荐的平均生态水位不应该高于天然情况下相应时段的多年平均水位（林育青和陈求稳，2020）。对于水资源开发利用程度较低的河流，可以按照循序渐进开发控制的原则，选取适宜的生态流量控制目标。此外，生态流量计算成果需与上下游已经确定生态流量目标的水库、水电站、航电枢纽等水利工程的建设项目批复文件、取水许可审批文件、环评审批文件等规定的生态流量目标一致。

5.2.2 工程最小下泄流量确定要点

水利水电工程建设及运行过程中必须明确工程最小下泄流量，并按该指标确定运行调度规则，维持工程下游区域河道的生态用水需求。工程最小下泄流量与河湖生态流量有明显差异。从保护对象来看，河湖生态流量主要考虑河道内生态保护目标的生态需求，是以生态环境保护为导向的需水预测，而工程最小下泄流量的保护目标是维持下游河流健康，需在满足下游河湖生态流量的基础上考虑下游河道外的陆地生态、生活、农业、工业、景观等各方面用水需求。本节梳理了工程最小下泄流量确定过程中需要注意的几个问题。

1. 明确工程最小下泄流量的保护目标

新建水利工程应该在满足下游基本生态流量的基础上，比较区域天然来水量，结合当地气候、水文等多方面因素，充分考虑工程下游河段生态、生活、生产等各类用水，综合确定工程最小下泄流量要求。

2. 选定工程最小下泄流量的控制断面

工程最小下泄流量的控制断面通常布设在建成的水库及水电站上，用来监测工程运行调度过程中最小下泄流量的满足程度。根据欧传奇（2020）的研究成果，工程最小下泄流量控制断面的选择与水电开发方式有关。以常见的坝式及引水式水电站为例（图 5.1），当下游河段生态流量目标一致，且区间未出现新增用水需求时，控制断面可布设于工程坝闸处（即断面 2—2），以便指导工程运行调度，开展生态流量监管工作；当工程对下游影响范围较大（如重点关注的受影响河段的长度超过 20 km）或下游河段可能出现减水情况时，以坝闸处为控制断面可能无法反映区间生态流量的保障情况，工程控制断面应设于重点关注河段生态需水最大（最下游断面），且区间无支流汇入处（即断面 3—3）；若工程为引水式水电站，当闸坝与水电站厂房间存在支流汇入时，控制断面应上移至支流汇入前、主河道最下游（即断面 6—6）。其他特殊情况及相关组合，可参照上述方法选定。

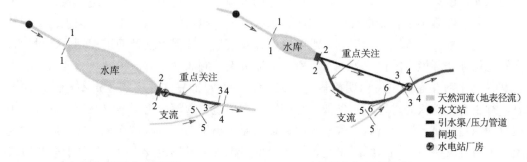

（a）坝式（坝后式、河床式）　　　　　　　　（b）引水式（含混合式）

图 5.1　不同开发方式下需重点关注的受影响河段（欧传奇，2020）

3. 选择工程最小下泄流量的确定方法

工程最小下泄流量由下游生态保护目标决定。

当工程下游不存在特殊生态保护目标时，原则上按河道同期天然多年平均流量的

10%～20%确定工程最小下泄流量。对于季节性河流或干旱地区，工程下泄流量的最低要求为保持该地区的生态环境现状。为了改善下游河道的生态环境，可在保持现状生态用水量的基础上适当予以增加。对于水资源年内丰枯变化较大、实测最小流量小于工程控制断面多年平均流量的 10%的河流，可以通过充分开展现场查勘和用水需求综合分析，按工程控制断面实测最小流量确定工程最小下泄流量，以保障下游河道不出现减水、断流等问题。水网区或水库（闸坝）蓄水回水区可按最小水深来确定工程最小下泄流量。

当工程下游河道存在生态保护目标，河道外生态需水、基本生产生活需水等均可忽略时，可以以满足下游河道生态流量需求为目标确定工程最小下泄流量。当下游河道外生态需水、基本生产生活需水等不可忽略，且河道无生态流量需求时，可以考虑在河道取水和退水过程的基础上，取各项成果的外包值作为工程最小下泄流量。当下游同时存在河道内生态流量和河道外生活、生产、生态等需水时，可以综合对比生态流量和河道外需水外包值来确定工程最小下泄流量。

4. 分析工程最小下泄流量的合理性

工程最小下泄流量的合理性须结合工程类型、工程位置、工程任务、梯级开发情况等综合分析。

当新建工程为坝式水电站时，减水河段枯水期的下泄流量一般高于天然状态河道的平均流量；若新建工程为引水式水电站，考虑到引水式水电站闸首与厂房之间的减水河段在枯水期下泄的生态流量小于天然状态下的平均流量，在进行工程最小下泄流量的合理性分析时，须重点关注引水式水电站的闸首。

针对工程所在河流的上下游已进行水电梯级开发的情况，新建工程最小下泄流量需与上下游生态保护需求协调。当工程位于大型水库调节的水电站下游时，在上游工程正常运行的情况下，新建工程的最小下泄流量应结合上游水库运行变化后的水文条件和自身水库调度运行特点重新拟定。工程拟定的最小下泄流量须满足以下两个条件：①须满足下游已经确定生态流量目标的水库、水电站、航电枢纽等水利工程的需求；②须符合当地已经批复的流域综合规划、水能资源开发规划、环保评估及河道规划、建设项目水资源论证和环境影响评价等对工程所在河流关键控制断面生态流量的具体要求，若上述文件均未对生态流量做出明确规定，或者存在不同批复文件中的规定不一致的情况时，须由有管辖权的水行政主管部门与同级生态环境主管部门组织商议确定。此外，工程重新拟定最小下泄流量后，政府部门审批的原最小生态流量应该作为特殊工况（如地震、冰雪等灾害后，输送线路中断、机组全部关机等突发事故发生时）下，原规划时段必须要确保的最小下泄流量。

对于有发电任务的工程，若生态流量通过机组下泄，则最小下泄流量应该首先满足机组稳定运行的技术要求：高海拔地区的大容量机组的发电流量应该达到额定容量的 50%以上，高水头机组达到 60%以上。若下泄流量不能在短时间内满足机组稳定运行的要求，应该临时停止发电，改由泄水建筑物保障下泄生态流量（姚福海和魏永新，2022）。

5.3 生态流量计算典型案例

5.3.1 流域控制断面生态流量

1. 赣江流域

赣江是鄱阳湖水系第一大河流，纵贯江西省南北，发源于江西省赣州市石城县洋地乡石寮崬，于永修县吴城镇望湖亭汇入鄱阳湖，主河道长 823 km，流域面积 82 809 km²，多年平均径流量 702.89 亿 m³，流域水能资源理论蕴藏量 3 607.8 MW，干流通航里程 606 km。流域涉及江西省、福建省、湖南省和广东省，各省流域面积分别占 98.39%、0.44%、0.85%、0.32%。

根据自然条件、水文特性、河谷形态，赣江可划分为上、中、下三段，赣州市以上为赣江上游，赣州市—新干县为中游，新干县以下为下游。赣江上游段又称贡水，长 285 km，河宽 70~500 m，主河道纵比降 0.46‰，属山区性河道，河道弯曲且较狭窄，水流湍急，落差较大；中游段长约 303 km，河宽 180~1 000 m，主河道纵比降 0.20‰，水流渐平缓，河道逐渐由弯曲转向顺直，沿程河谷台地发育，河床较稳定，受水库大坝建设影响，部分河道水深流缓；下游段长 208 km，进入冲积平原，河道较顺直，地势平坦，主河道纵比降 0.09‰，河面宽阔，江心洲、边滩发育。尾闾地区港汊纵横，洲湖交错。

赣江流域水系发达，流域面积 3 000 km² 以上的一级支流有 8 条，分别为梅江、桃江、章水、孤江、禾水、乌江、袁河和锦江。流域降水量充沛，流域内多年平均降水量为 1 400~1 800 mm，降水量年内分配极不均匀，据统计，4~6 月多年平均降水量占全年的 41%~51%；流域内降水空间分布格局为边缘山区大于盆地，东部大于西部，下游大于中上游。

赣州市以下河段规划有万安水电站、井冈山水电站、石虎塘水电站、峡江水电站、新干水电站和龙头山水电站 6 个梯级，其中万安水电站已于 1993 年建成运行；井冈山水电站于 2021 年 12 月全面投产运营；石虎塘水电站于 2013 年 8 月正式建成；峡江水电站于 2017 年 2 月通过竣工环境保护验收；新干水电站于 2019 年 11 月 29 日完成交工验收；龙头山水电站已于 2022 年 12 月投产运行。赣江干流已建梯级中，万安水电站和峡江水电站具有季调节能力，为流域的主要控制性工程。

1）水利部重点河湖生态流量保障目标

根据《水利部关于印发第一批重点河湖生态流量保障目标的函》（水资管函〔2020〕43 号），赣江主要控制节点栋背断面、峡江断面、外洲断面的生态基流分别为 148 m³/s、221 m³/s、281 m³/s。

2）《长江流域综合规划（2012—2030 年）》生态流量管控目标

国务院 2012 年批复的《长江流域综合规划（2012—2030 年）》提出，赣江主要控制节点栋背断面、吉安断面、峡江断面、外洲断面的生态基流需要分别满足 148 m³/s、198 m³/s、208 m³/s、281 m³/s 的要求。

3）鄱阳湖区相关规划生态流量管控目标

2012 年批复的《鄱阳湖区综合治理规划》提出的控制性指标中，涉及赣江流域生态流量的主要为，出口断面（外洲断面）的生态基流为 281 m³/s。

4）《赣江流域综合规划》生态流量管控目标

水利部于 2018 年批复的《赣江流域综合规划》，对赣江干流和主要支流河段主要控制断面、控制性水利枢纽提出了生态基流要求。

《赣江流域综合规划》综合考虑受生态水文过程的影响程度、繁殖过程对水文要素的要求和卵的孵化对水文过程的要求等方面，选择将"四大家鱼"作为指示物种。"四大家鱼"的产卵繁殖期为 4～6 月，参考相关研究成果，鱼类繁殖期选取天然系列多年平均流量的 30%作为生态基流，其他时段选取 90%频率下最小月平均径流量和多年平均径流量的 10%中的较大值作为生态基流。赣江干流及主要支流控制断面的生态基流见表 5.5。

表 5.5　赣江干流及主要支流控制断面的生态基流表　　（单位：m³/s）

河流	断面	一般用水期（7月至次年3月）	鱼类繁殖期（4～6月）
赣江干流	栋背	148.0	318.0
	峡江	221.0	492.0
	外洲	281.0	645.0
章水	坝上	19.8	59.4
桃江	居龙滩	19.4	58.2
禾水	上沙兰	14.1	42.3
乌江	新田	10.1	30.3
锦江	贾村	16.3	48.9

根据赣江中下游已批复的梯级生态流量下泄要求和已通过环评审批的工程水生态保护措施回顾，井冈山水电站、石虎塘水电站、峡江水电站、新干水电站、龙头山水电站 5 个梯级的生态流量的控制目标为：井冈山水电站下泄流量不得小于 202 m³/s。石虎塘水电站下泄流量不得小于 187 m³/s。峡江水电站初期蓄水期下泄的生态流量不得小于 475 m³/s；该梯级正常运行期间，10 月至次年 3 月下泄的生态流量不得小于 221 m³/s，4～6 月（鱼类繁殖期）下泄的生态流量不得小于 1 200 m³/s，7～9 月下泄的生态流量不

得小于 475 m^3/s；此外，鱼类繁殖期，峡江水电站坝址下游 10 km 处峡江断面的流速要求在 1 m/s 以上，水深要求在 4 m 以上，其余季节峡江断面的流速、水深要求分别在 0.38 m/s 及 1.4 m 以上。新干水电站坝址下泄的生态流量要求不低于 281 m^3/s，并在"四大家鱼"产卵高峰期开启泄洪闸，使该江段恢复自然状态，满足其繁殖需求。龙头山水电站正常运行期间，下泄的生态流量不得小于 358 m^3/s；4～6 月应该保证 2 次以上连续 3 天的下泄流量不小于 2 000 m^3/s，以坝下 6.0 km 处小港闸口作为控制断面，流速和水深要求分别在 1 m/s 和 2.2 m 以上。

除以上 5 个梯级已批复的生态流量管控目标外，其他重要控制断面包括赣江干流外洲断面、万安水电站等。万安水电站位于赣江干流栋背断面上游约 20 km 处，由于万安水电站修建时间较早，未对生态流量做出要求。本书考虑万安坝址—栋背断面区间汇流和取用水，确定万安水电站在 7 月至次年 3 月和 4～6 月的最小下泄流量分别为 150 m^3/s 和 450 m^3/s。

5）赣江流域生态流量保障策略

建议在赣江开展满足产漂流性卵鱼类繁殖需求的梯级间联合生态调度，确保生态用水要求，减小干流规划梯级的叠加影响。以赣江中下游为例，生态调度需考虑各梯级的协调配合，在鱼类非繁殖季节（10 月至次年 3 月），需在保证下游取水的基础上维护生态基流，石虎塘水电站下泄的流量不得小于 187 m^3/s，峡江水电站的下泄流量不小于 221 m^3/s，新干水电站坝址下泄的生态流量不低于 281 m^3/s，以满足鱼类生长活动所需。鱼类繁殖敏感期（4～6 月），以保证鱼类繁殖为目标，峡江水电站、新干水电站的下泄流量不小于 1 200 m^3/s；在洪峰来临、水位上涨阶段实行生态泄洪，维持坝前流速不低于 0.5 m/s，使库区的鱼卵、仔鱼安全下泄。水电站参与调峰运行时各机组应该逐步开启，调峰后应该逐步关闭，防止下游水文情势的突变，以利于下游鱼类等水生生物生存繁殖。在水电站运行调度可能的情况下，应该适当延长调峰时间，并适时打开泄洪闸进行泄洪排沙，以满足鱼类繁殖对于流速、水位变幅及水体透明度的要求。

生态流量监督管理方面，在水电密集开发的赣江干流，由省级水行政主管部门根据当地生产、生活、生态及景观需水要求，对各梯级实行统调，并对水电工程的调度运行情况实施监督，重点关注超容蓄水、不按要求下泄生态流量等问题，最大限度地减轻流域开发对水资源产生的不利影响。同时，加强生态流量监督管理，针对赣江干流及主要支流水电开发单位均不相同、联合生态调度难度大的问题，建议建立协调机制，定期开展环境保护及生态调度工作，加强对整个流域水库群的生态调度管理研究。

2. 抚河流域

抚河流域是鄱阳湖水系的五大河流之一，主河发源于江西省、福建省边界武夷山西麓广昌县的梨木庄，自南向北流经广昌县、南丰县、南城县，在南城县县城右岸有抚河第二大支流黎滩河汇入，继续向南流至金溪县石门乡折向西北，至临川区下游左纳抚河最大支流临水，自西北流经柴埠口、李家渡、文港、梁家港等地，在南昌县的荏港改道由青岚湖注入鄱阳湖。抚河以南城县、抚州市为界分成上、中、下三段。

抚河流域形状呈菱形，南北长，东西狭，东南高，西北低。流域内地形以丘陵为主，占 63%，山地占 27%，平原占 10%，地面海拔高程在 17～1 300 m。抚河流域降雨充沛，水资源丰富，多年平均降水量为 1 600～2 000 mm，是流域内径流补给的主要来源。李家渡水文站以上河长 344 km，集水面积 1.58 万 km^2，多年平均流量 497 m^3/s，多年平均径流量 157 亿 m^3，流域水能资源理论蕴藏量 605.5 MW（10 MW 及以上河流）。抚河径流年际变化较大，年内分配不均匀，丰水期（3～8 月）径流量占全年径流量的76.0%；枯水期（9 月至次年 2 月）径流量仅占全年径流量的 24.0%。

抚河干流规划了南丰水电站(112 m)、清华山水电站(87 m)、南城水电站(74 m)、廖坊水电站（65 m）、疏山水电站（50 m）、下马山水电站（43 m）、玉茗湖水电站（原红渡）（36 m）、焦石坝水电站 8 级水电开发方案，总装机容量 159.39 MW（焦石坝水电站装机较小，未计），其中廖坊水电站、玉茗湖水电站、焦石坝水电站均已经建完。

1）水利部重点河湖生态流量保障目标

抚河主要控制节点廖家湾断面的生态基流为 32 m^3/s。

2）《长江流域综合规划（2012—2030 年）》生态流量管控目标

抚河主要控制节点李家渡断面的生态基流满足 44 m^3/s。

3）鄱阳湖区相关规划生态流量管控目标

抚河流域生态流量的管控目标主要为：李家渡断面的生态基流为 54 m^3/s。

4）《抚河流域综合规划》生态流量管控目标

根据水利部于 2018 年批复的《抚河流域综合规划》，抚河干流和主要支流控制断面的生态流量通过比较 Tennant 法（取多年平均流量的 10%）和 90%频率最枯月平均流量法（Q_{90} 法）两种方法的计算结果，并考虑与《长江流域综合规划（2012—2030 年）》及《鄱阳湖区综合规划报告》的协调性来综合确定。抚河流域主要控制断面的生态基流见表 5.6。

表 5.6　抚河流域主要控制断面的生态基流

序号	河流	控制断面	生态基流/（m^3/s）
1	抚河	廖家湾	32.0
2		李家渡	54.0
3	黎滩河	洪门	12.7
4	临水	桃陂	8.6
5		娄家村	17.9

《抚河流域综合规划》综合考虑受生态水文过程的影响程度、鱼类繁殖过程对水文要素的要求和卵的孵化对水文过程的要求等方面的因素选择抚河典型物种作为生态需水量研究的指示物种，并据此确定抚河流域主要控制节点的敏感期生态流量。据调查，抚河中下游的主要鱼类包括鲤、鲫、黄颡鱼、沙鳅类、草鱼、鲢、鳙等，鱼类产卵时间主要集中在 4~8 月。抚河干流以天然系列多年平均流量的 30%作为鱼类繁殖期生态流量，廖家湾断面和李家渡断面 4~8 月最小下泄流量分别按照 80 m³/s 和 145 m³/s 控制。

抚河干流控制断面不同时段的最小下泄流量见表 5.7，各断面下泄流量不得低于廖家湾断面、李家渡断面的最小下泄流量。

表 5.7   抚河干流控制断面最小下泄流量要求   （单位：m³/s）

断面	一般用水期（9 月至次年 3 月）	鱼类繁殖期（4~8 月）
廖家湾	32	80
李家渡	54	145

廖坊水电站是抚河流域的控制性工程，通过合理调度，维持一定的下泄流量。基于廖家湾断面的最小下泄流量要求，考虑到廖坊水电站坝址—廖家湾区间汇流及取用水，确定廖坊水电站在 9 月至次年 3 月和 4~8 月的最小下泄流量分别为 40 m³/s 和 100 m³/s。

5）抚河流域生态流量保障策略

在规划层面上，在抚河干流和主要支流上开发利用水资源，下游河段断面应该按水资源保护规划的要求预留生态需水。加强源头水源涵养和饮用水源地保护，改善水环境状况，采取多种措施保障河流生态需水，维系河流生态服务功能，重点保护鱼类及其栖息的流水生境。

在工程运行生态调度方面，优化抚河干流中下游水利工程运行调度的方案，通过工程调度提供生态需水量、维护生态必需的最小流量和敏感期（区）生态需水量，枯水期保障下游河道鱼类越冬等生态需水量要求；洪水期模拟天然洪水水文情势，为"四大家鱼"等产漂流性卵鱼类的繁殖提供涨水过程。加强抚河干流廖坊水电站等和抚河支流黎滩河洪门水电站等骨干工程的联合调度，统筹好防洪、供水与生态的关系，协调好上游与下游生态环境需水的关系，保障河流生态环境需水。

在生态流量监控方面，规划实施过程中，应严格审批程序，明确生态流量泄放要求。在廖坊水电站、李家渡断面开展生态流量监测。

3. 信江流域

信江是鄱阳湖水系五大河流之一，发源于浙江省、江西省交界的玉山县三清山山脉群，横贯江西省东北部，主干流经玉山县、广丰区、上饶市、铅山县、弋阳县、贵溪市、鹰潭市余江区、余干县等，在余干县的大渡溪分为东西两支，分别于珠湖山、瑞洪注入鄱阳湖。信江全长 359 km，流域总覆盖面积为 17 599 km²。信江流域西邻鄱阳湖，北倚怀玉山脉与饶河毗邻，南倚武夷山脉与闽江相邻，东邻富春江；流域形状为不规则矩形，流域地势由北、东、南三面渐次向中间降低，并向西倾斜，地形复杂，以丘陵和岗地为主，约占70%，中低山和平原各约占20%和10%。

信江以上饶市和鹰潭市为界，分为上游、中游、下游三段，玉山县—上饶市段为上游，河段全长约115 km；上饶市—鹰潭市段为中游，河段全长约144 km；鹰潭市—鄱阳湖入湖口段为下游，河段全长约69 km。信江沿途接纳大小支流20余条，大多呈南北流向，主要有丰溪河、泸溪河、铅山河、湖坊河、葛溪、罗塘河、白塔河等支流，其中流域面积超过1 000 km^{2}的支流有丰溪河、铅山河及白塔河，流域面积在200 km^{2}以上的有17条。

信江流域属于亚热带湿润季风气候区，年均降水量为1 826 mm，多年平均流量为570 m^3/s，径流量为180亿m^3，径流年内分配不均匀，汛期（3~7月）径流量占全年径流量的74%，8月至次年2月径流量仅占全年径流量的26%。

1）水利部重点河湖生态流量保障目标

信江主要控制节点梅港断面的生态基流为57 m^3/s。

2）《长江流域综合规划（2012—2030年）》生态流量管控目标

信江主要控制节点梅港断面的生态基流满足57 m^3/s。

3）鄱阳湖区相关规划生态流量管控目标

信江流域生态流量管控目标主要有：梅港断面的生态基流要求大于35 m^3/s。

4）《信江流域综合规划》生态流量管控目标

信江流域的水资源保护规划以水功能区划为基础，以点源入河控制量和河流生态需水为水资源保护的控制目标，设置了信江干流梅港及弋阳两个生态流量主要控制断面。

根据水利部于2018年批复的《信江流域综合规划》，依据《河湖生态环境需水计算规范》（SL/Z 712—2014）和《水资源保护规划编制规程》（SL 613—2013），信江干流和主要支流河段的生态流量采用Tennant法计算值和控制节点Q_{90}法综合比较确定，并与《长江流域综合规划（2012—2030年）》及《鄱阳湖区综合规划报告》相协调。综合考虑生态水文过程影响程度、鱼类繁殖过程对水文要素的要求和卵的孵化对水文过程的要求等方面的因素，弋阳断面和梅港断面鱼类繁殖期（4~8月）的最小下泄流量分别按照96 m^3/s和171 m^3/s控制。信江流域主要控制节点的生态环境需水情况见表5.8。

表5.8　信江流域主要控制节点的生态环境需水情况　　　　（单位：m^3/s）

断面	一般用水期（9月至次年3月）	鱼类繁殖期（4~8月）
弋阳	26	96
梅港	42	171

《信江流域综合规划》中防洪规划的实施将切实提高流域的防洪减灾能力，《信江流域综合规划》中拟定的梅港断面的生态基流为 57 m³/s，大于《鄱阳湖区综合治理规划》的要求，与《鄱阳湖区综合治理规划》是协调一致的。

5）信江流域生态流量保障策略

在信江流域综合规划环境影响评价阶段，在治理修复水域方面明确提出了严格控制将造成明显减水影响的水资源开发利用行为，研究并实施生态需水保障措施，具体包括以下三个方面。

生态流量管控目标方面，提出保障控制断面（梅港断面和弋阳断面）的生态流量泄放要求（包括流量和过程），避免对流域重要湿地生境产生不良影响，保障信江流域流入鄱阳湖的水量，减缓对梅港以下河段和鄱阳湖区生态环境产生不利影响。

生态流量保障方面，根据流域工程运行情况及生态流量监督管理需求，针对性地提出保障河道鱼类越冬、繁殖、秋季育肥等敏感期生态流量要求的生态调度策略。①在不影响水利工程发挥社会经济效益的前提下，优化信江干流中下游水利工程调度，采取生态友好型的调度方式开展联合调度（如在干流控制性工程流口水库和支流杨村水伦潭水库等骨干工程进行联合调度），缓解水文情势变化对水生生物的影响；②通过调节水库下泄流量，在枯水期保障下游河道鱼类越冬、繁殖、秋季育肥等生态需水要求；在洪水期模拟自然涨水过程，使坝下实现洪水脉冲刺激鱼类产卵行为，满足鱼类繁殖的需要；通过优化水库调度，确保下游生态需水量；通过水库调度形成人造洪峰，以利于鱼类产卵。

生态流量监督管理方面，提出加强生态流量监督管理要求，禁止梯级开发导致河道减水和水环境污染，并在梅港、弋阳等水文站增加在线生态流量监测。

4. 湘江流域

湘江是洞庭湖水系中流域面积最大的河流，发源于广西壮族自治区兴安县白石乡海阳山近峰岭，至湘阴县濠河口镇分东西两支于芦林潭又汇合后注入洞庭湖。湘江流域涉及湖南省、广西壮族自治区、江西省、广东省四省（自治区），各省流域面积分别占流域总面积的90.03%、7.43%、2.44%、0.10%。干流在永州市萍岛以上为上游，属山区地貌，河谷一般呈 V 形，比降为 0.45‰~0.9‰，呈滩多水急、流量及水位的变幅较大的山溪河流特点；萍岛至衡阳市为中游，两岸呈丘陵地貌，河谷台地发育，逐渐开阔，呈 U 形，比降为 0.18‰~0.29‰；衡阳市以下为下游，沿河多冲积平原及低矮丘陵，河谷开阔，河槽一般呈矩形，河宽较大，比降为 0.045‰~0.083‰，流速平缓。

湘江流域水系发育，支流众多，干流两岸支流呈不对称羽毛形态分布。左岸支流自上而下为紫溪河、芦洪江、祁水、蒸水、涓水、涟水及沩水；右岸支流自上而下为灌江、潇水、白水、宜水、春陵水、耒水、洣水、渌水、浏阳河及捞刀河。

1）水利部重点河湖生态流量保障目标

湘江主要控制节点衡阳断面、湘潭断面的生态基流分别为 155 m³/s、333 m³/s。

2）《长江流域综合规划（2012—2030 年）》生态流量管控目标

湘江主要控制节点衡阳断面、湘潭断面的生态基流应该分别满足 155 m³/s、207 m³/s 的要求。

3）《湘江流域综合规划》生态流量管控目标

根据水利部于 2019 年批复的《湘江流域综合规划》，依据《河湖生态环境需水计算规范》（SL/Z 712—2014）和《水资源保护规划编制规程》（SL 613—2013），湘江干流主要控制断面的生态流量采用 Tennant 法计算值和控制节点 Q_{90} 法综合比较确定，并与《长江流域综合规划（2012－2030 年）》及《洞庭湖区综合规划》相协调；湘江入洞庭湖的控制断面湘潭断面还应满足《关于印发〈长江保护修复攻坚战行动计划〉的通知》（环水体〔2018〕181 号）中"2020 年年底前，长江干流及主要支流主要控制节点生态基流占多年平均流量比例在 15%左右"的要求。

湘江干流老埠头断面、衡阳断面和湘潭断面的生态基流分别为 55 m³/s、155 m³/s 和 333 m³/s；在鱼类繁殖期（4～8 月）湘江干流归阳断面、衡阳断面和湘潭断面的下泄流量不得低于 242 m³/s、408 m³/s 和 666 m³/s。湘江中下游主要产漂流性卵的鱼类包括青鱼、草鱼、鲢、鳙、鳊、赤眼鳟、鳡、吻鮈、蛇鮈、花斑副沙鳅、犁头鳅等，鱼类产卵时间主要集中在 4～8 月，为鱼类繁殖期，该时期生态流量取天然系列多年平均流量的30%。湘江干流主要控制断面的生态流量见表 5.9。

表 5.9　湘江干流主要控制断面的生态流量　　　　　　　　（单位：m³/s）

断面	一般用水期（9 月至次年 3 月）	鱼类繁殖期（4～8 月）
归阳	—	242
衡阳	155	408
湘潭	333	666
老埠头	55	—

4）湘江流域生态流量保障策略

针对当前湘江流域生态流量保障程度不足的问题，提出生态流量保障策略。

规划方面，结合水力发电、水资源保护、防洪及流域水利管理等规划要求，强化梯级联合调度，保障河流生态流量，使流域生态环境向良性循环方向发展。

工程调度方面，通过湘江支流规划的毛俊水库、椒花水库、涔天河水库、白马水库、青山垅水库、双牌水库、东江水库等调节性较好的水库，以及湘江干流规划的 16 个梯级的调节作用，有效保障规划控制断面的生态流量。

生态流量监督管理方面，针对耒水、潇水、蒸水、涟水等湘江支流梯级布置密集的现状，湖南省水行政主管部门根据当地生产、生活、生态及景观需水要求，确定各支流梯级的调度和运行模式，实行统一调度，并对流域内水电工程的调度运行情况实施监督，确保下泄生态流量，最大限度地减轻流域开发对水资源的不利影响。针对梯级水电密集建设可能造成的库区江段近岸污染带范围增大的问题，实施已建水利工程的水量水质联调。规划实施过程中，应严格审批程序，明确生态流量泄放要求；同时，加强监督管理，禁止梯级开发导致河道减水。

5. 沅江流域

沅江是洞庭湖水系第二大河流，发源于贵州省东南部，有南北两源，南源出自云雾山，称马尾河（或称龙头江）；北源起于麻江县和福泉市间的大山，称重安江。两源汇合后称清水江。清水江水曲折东流，沿程纳入巴拉河、南哨河、乌下河、六洞河等支流，在托口镇纳入渠水，至洪江市与潕水（沅江左岸最上端一级支流，贵州省称为潕阳河，湖南省称为潕水）汇合后始称沅江。洪江市以下沿程流经湖南省的江口镇、辰溪县、泸溪县、沅陵县、常德市区、桃源县等地，至常德市德山经济开发区汇入洞庭湖。

沅江干流全长 1 028 km，流域面积 8.98 万 km²。流域涉及湖南省、贵州省、重庆市、湖北省、广西壮族自治区 5 省（自治区、直辖市）的 64 个县（市、区），5 省（自治区、直辖市）分别占流域面积的 58.17%、33.67%、5.16%、2.98%、0.02%。

沅江河道主流流向大体由西南向东北，以洪江市、常德市桃源县夷望溪镇凌津滩社区为界，分为上、中、下游三段。沅江两岸支流发育，且分布不对称。左岸支流自上而下为潕水、辰水、武水及酉水；右岸自上而下为渠水、巫水及溆水等，大小支流略呈羽状分布。左岸支流面积为右岸支流面积的 2.8 倍。但径流的地区分配极不均衡，下游大于上游，径流模数最大相差 1.66 倍。

1）水利部重点河湖生态流量保障目标

沅江主要控制节点桃源断面、浦市镇断面的生态基流分别为 300 m³/s、176 m³/s。

2）《长江流域综合规划（2012—2030 年）》生态流量管控目标

桃源断面的生态基流满足 238 m³/s 的要求，浦市镇断面的生态基流满足 176 m³/s 的要求。

3）《沅江流域综合规划》生态流量管控目标

根据水利部于 2020 年批复的《沅江流域综合规划》，对沅江干流和主要支流河段主要控制断面提出了生态基流要求。

根据《沅江流域综合规划》，依据《河湖生态环境需水计算规范》（SL/Z 712—2014）和《水资源保护规划编制规程》（SL 613—2013），沅江干流主要控制断面的生态流量采用 Tennant 法计算值和控制节点 Q_{90} 法综合比较确定，并与《长江流域综合规划（2012—2030 年）》及《洞庭湖区综合规划》相协调；沅江入洞庭湖的控制断面桃源断面还应满足《关于印发〈长江保护修复攻坚战行动计划〉的通知》（环水体〔2018〕181

号）中"2020年年底前，长江干流及主要支流主要控制节点生态基流占多年平均流量比例在15%左右"的要求。

沅江干流锦屏断面、安江断面和桃源断面的生态基流分别为 40 m³/s、135 m³/s 和 300 m³/s；在鱼类繁殖期（4～8 月）沅江干流锦屏断面、安江断面和桃源断面的下泄流量不得低于 78 m³/s、243 m³/s 和 597 m³/s。

沅江流域各主要控制断面的生态基流见表 5.10。

表 5.10　沅江流域各主要控制断面的生态基流　　　　　（单位：m³/s）

序号	河流	控制断面	一般用水期（8月至次年3月）	鱼类繁殖期（4～8月）
1	干流（清水江）	锦屏	40	78
2	干流	安江	135	243
3	干流	桃源	300	597

4）沅江流域生态流量保障策略

针对沅江干、支流的生态流量保障现状情况，以及规划的梯级开发、水库建设和塘坝堰等工程实施后，沅江流域可能出现水域面积增大、库容增大、坝址下游河段减水等问题，提出明确的严格审批程序及生态流量泄放要求，加强监督管理，禁止梯级开发导致河道减水等。

流域水利工程的联合调度可以实现水资源的合理调配，结合水库和塘坝堰工程对水资源的拦蓄作用，按照管理部门的批复文件，保障河道生态流量的下泄，在枯水期对下游河道进行补水，改善河道减水现象，提高坝下游河道的生态系统质量。

工程调度方面，沅江流域的托口水电站制订了蓄水和运行调度环保方案，如主坝后设置的 2 台 1.5 万 kW 的生态放水发电机组基本建成，生态放水管已建成。水库初期蓄水时，当库水位低于生态放水管底板高程 223 m 时，在水库内架设水泵，通过生态放水管下放流量，加上坝址下游河段范围内分布有小支沟，可以维持减水河段的生态流量，避免河道断流。

生态流量在线监控方面，沅江流域重要水利工程搭建了生态流量在线监测系统，该系统已于 2013 年 11 月 20 日前安装完成。

在生态流量监督管理方面，针对沅江支流潕水水电梯级布置密集的现状，由贵州省、湖南省水行政主管部门根据当地生产、生活、生态及景观需水要求，共同确定了潕水流域各梯级的调度和运行模式，实行梯级统一调度，并对流域内水电工程的调度运行情况实施监督，坚决杜绝超容蓄水、不按要求下泄生态流量等问题，最大限度地减轻流域开发对水资源产生的不利影响。

6. 资江流域

资江西源赧水发源于湖南省城步苗族自治县黄马界，流经武冈市、洞口县、隆回县等地，先后纳蓼水、平溪河及辰水，再东流至双江口与南源夫夷水汇合。南源夫夷水发源于广西壮族自治区资源县，北流经湖南省邵阳市区、新宁县等地至双江口。赧水与夫夷水在双江口汇合后始称资江，在益阳市甘溪港入南洞庭湖，主源黄马界至甘溪港全长 653 km，流域总面积 2.81 万 km²。资江流域流经广西壮族自治区北部和湖南省中部，流域涉及广西壮族自治区的桂林市及湖南省邵阳市、益阳市、娄底市、永州市、怀化市、常德市等的 24 个县（市、区），流域内湖南省、广西壮族自治区的面积分别占流域总面积的 95.3%、4.7%。

资江流域河长 5 km 以上的大小支流共有 821 条，其中湖南省境内 771 条；一级支流中流域面积在 1 000 km² 以上的有 6 条，分别为左岸的蓼水、平溪、大洋江及右岸的夫夷水、沩水、邵水。

资江流域属于亚热带季风湿润气候区，多年平均降水量 1 272.5～1 691.8 mm，多年平均蒸发量 1 117.6～1 421.3 mm，多年平均气温 16.2～17.1 ℃。

1）水利部重点河湖生态流量保障目标

资江主要控制节点桃江断面、冷水江断面的生态基流分别为 107 m³/s、56 m³/s。

2）《长江流域综合规划（2012—2030 年）》生态流量管控目标

资江桃江断面的生态基流不低于 69 m³/s，冷水江断面的生态基流不低于 56 m³/s。

3）《资水流域综合规划》生态流量管控目标

根据水利部于 2019 年批复的《资水流域综合规划》，依据《水电水利建设项目河道生态用水、低温水和过鱼设施环境影响评价技术指南（试行）》和《制订地方水污染物排放标准的技术原则与方法》（GB 3839—1983），结合资江流域环境背景、流域水资源开发规划，资江干流和主要支流的生态基流采用 Tennant 法计算值（Tennant 法以河流多年平均流量为依据，一般认为河流最低生态基流不应小于多年平均流量的 10%）和控制节点 Q_{90} 法综合比较确定（取大值）。

根据资江综合规划中的水资源与水环境保护要求，资江流域主要控制断面的生态流量见表 5.11。资江主要支流夫夷水的新宁断面、三门江断面的生态流量分别为 9.0 m³/s 和 12.0 m³/s；资江主源赧水的隆回断面的生态流量为 19.5 m³/s，干流邵阳断面、冷水江断面和桃江断面的生态流量分别为 40.3 m³/s、56.0 m³/s 和 69.0 m³/s。

表 5.11 资江流域主要控制断面的生态流量

序号	所在河流	控制断面	生态流量/(m³/s)
1	赧水	隆回	19.5
2	夫夷水	新宁	9.0
3		三门江	12.0
4	干流	邵阳	40.3
5		冷水江	56.0
6		桃江	69.0

4）资江流域生态流量保障策略

规划方面，可按照流域综合规划确定的治理开发任务，强化梯级联合调度，保障河流生态流量，减轻支流减水河段对生态环境产生的不利影响；并在满足流域生态需水的前提下，合理承担或兼顾其他开发任务，改善流域水力发电现状中存在的部分无序、不合理的开发情况。

工程调度方面，开展梯级的生态调度研究工作，在研究资江流域鱼类习性、繁殖生物学的基础上，尽量考虑水生生物产卵、繁殖、生长需求，科学制订生态流量泄放及过鱼设施方案，确定科学的枢纽调水方式。在规划环境影响评价阶段，建议采取闸坝联合调度、生态补水等措施，合理安排闸坝下泄水量和泄流时段，维护生态必需的最小流量和敏感期（区）生态需水量，重点保障枯水期生态流量，在鱼类繁殖期（3～8月）尽可能实现资江中下游水库的敞泄，保障主要鱼类的产卵繁殖活动。针对已建工程，可以通过资江干流的柘溪水库、金塘冲水库、株溪口水库、马迹塘水库，资江支流赧水的中洲水库、江田子水电站，主要支流夫夷水的水堡口水库、黄龙水库等的联合调节作用，采取生态友好型的调度方式，使下泄流量在时空分布、水环境条件等方面满足鱼类生命活动的需要；产卵期通过水库调度造成洪峰，以利于河流不同类型生境的连接，增加鱼类栖息生境的多样性，有效保障规划的 6 个断面的生态流量；针对支流夫夷水的犬木塘水库（神滩渡坝址）、干流中游的金塘冲水库等拟建的水利工程，建议在工程实施阶段，深入论证工程实施对水生生态的影响，论证的重点内容包括工程实施对水生生物交流的阻隔影响，建议工程建设过鱼设施或预留过鱼设施位置，并保障下泄生态流量。

监督管理方面，资江支流赧水和夫夷水上水电梯级布置密集，由湖南省、广西壮族自治区水行政主管部门联合确定各支流梯级的统一调度和运行模式，并对已建水电工程调度运行过程中的生态流量下泄情况实施监督，最大限度地减轻流域开发对水资源产生的不利影响。鉴于资江干流及主要支流水电开发单位均不相同，建议建立流域专门管理机构，统一开展环境保护及生态调度研究工作，加强对整个流域水库群的生态调度研究。

5.3.2 典型工程最小下泄流量

水利水电工程下泄生态流量关系到水资源的合理利用、生态保护和工程效益的发挥。合理确定下泄的生态流量是一个非常重要且较为复杂的问题。水利水电工程下泄生态流量的控制指标为最小下泄流量。最小下泄流量指在能够维持河床基本形态，保持河道输水能力、保持水体一定的自净能力的基础上，综合考虑断面下游区间生产、生活等要求而确定的断面下泄流量最小值。从最小下泄流量的内涵来看，其确定需要至少考虑以下两个方面的内容：一个是河道内需水，即保障下游河湖生态系统基本健康的基本生态流量，包括生态基流和敏感期生态流量；另一个是河道外需水，即针对水利水电工程下游河道外的陆地生态、生活、农业、工业、景观等多方面需求，合理确定河道外生态需水。水利水电工程最小下泄流量的确定需要统筹考虑下游河道内基本生态流量和河道外生态需水量，并结合区域水资源配置情况综合确定，在工程运行过程中结合具体的工程任务，至少按保障最小下泄流量运行调度。本节按照工程类型，分别选取白龙江引水工程、云南省大理白族自治州桃源水库工程等典型引调水工程，以及湖北省姚家平水利枢纽工程、重庆市乌江白马航电枢纽、江西省赣江井冈山水电站和安徽省安庆市下浒山水库工程等典型枢纽工程，分别阐述各典型水利工程最小下泄流量如何确定的问题。

引调水工程和枢纽工程将分别导致水源区、受水区和河道下游原有的水文情势与水动力学条件发生变化，进而对生态环境产生一定的影响。为减缓引调水工程和枢纽工程等水利工程建设对生态环境产生的不利影响，水利枢纽工程均需保证一定的生态流量下泄，并将其纳入下游或受水区的水资源配置过程。水利枢纽工程最小下泄流量的大小及泄放过程直接关系到工程的环境效益和经济效益，甚至对工程规模有决定性影响，是水利工程设计中需要考虑的重要问题。

1. 白龙江引水工程

白龙江引水工程从甘肃省嘉陵江支流白龙江上游引水，向甘肃省天水市、平凉市、庆阳市 3 市的 20 个县（区）及陕西省延安市宝塔区、安塞区、吴起县、志丹县 4 个县（区）供水（苏振娟和王英，2023）。工程地跨黄河、长江两大流域，穿越秦岭、六盘山两大分水屏障，属大型长距离跨流域调水工程，已列入全国水网规划纲要、全国 150 项重大水利项目清单和水利部 2023 年重点调度的 60 项重大水利项目清单。

白龙江引水工程的任务为以城乡生活供水为主，兼顾工业供水和高效农业灌溉，设计水平年多年平均调水量为 7.74 亿 m^3，甘肃省受益总人口约 825 万人，延安市受益总人口约 130 万人，高效农业灌溉面积约 39.55 万亩[①]。白龙江引水工程由水源工程、输水工程组成，其中，水源工程为在白龙江干流新建的代古寺水库，新坝址位于甘肃省迭部县黑杂村附近，处于现存代古寺水电站下游，白龙江干流与腊子沟交汇处。新建的代古寺水库坝址以上流域面积 7 864 km^2，多年平均径流量 21.65 亿 m^3，水库总库容 4.08 亿 m^3，调节库容 3.13 亿 m^3，水库正常蓄水位 1 804.00 m，相应的库容 3.84 亿 m^3。白龙江引水工程设计在新建的代古寺水库坝前取水，输水工程包括输水总干线、分干线、分水口等工程，工程设计取水后，通过输水总干线穿越秦岭、六盘山两座屏障输水至总干线末端华池县鸭儿洼，输水总干线沿线设武山、张家川、庄浪、华亭、崆峒、镇原、庆阳、庆城、延安 9 个分水口，引调水经输水总干线和分干线输送至受水区。

1）生态需水需求分析

河流生态环境需水包括水生生态需水、水环境需水、湿地需水、景观需水、河口压咸需水等，根据新建的代古寺水库坝下河段的功能和生态环境保护需求，需重点分析水生生态需水和水环境需水，计算白龙江引水工程的最小下泄流量。

新建的代古寺水库坝址至下游立节水电站坝址间的河段全长 22.6 km，区间分布有

[①] 1 亩 ≈ 666.7 m^2。

白龙江舟曲段特有鱼类省级水产种质资源保护区实验区。该河段既有水生生态敏感区，又受工程影响较大。基于该河段的保护需求开展新建的代古寺水库生态流量计算。计算采用的代表断面位置见表 5.12 和图 5.2。

表 5.12　新建的代古寺水库坝下生态流量计算河段实测断面一览表

序号	断面编号	断面间距/m	距新建的代古寺水库坝址/km	备注
1	blj1#	—	1.7	—
2	blj2#	2 564	4.3	—
3	blj3#	2 590	6.9	—
4	blj4#	2 265	9.2	—
5	blj5#	1 971	11.1	—
6	blj6#	2 457	13.6	白龙江舟曲段特有鱼类省级水产种质资源保护区实验区
7	blj7#	1 868	15.5	白龙江舟曲段特有鱼类省级水产种质资源保护区实验区
8	blj8#	1 915	17.4	白龙江舟曲段特有鱼类省级水产种质资源保护区实验区
9	blj9#	1 555	18.9	白龙江舟曲段特有鱼类省级水产种质资源保护区实验区内立节水电站回水末端
10	blj10#	1 461	20.4	白龙江舟曲段特有鱼类省级水产种质资源保护区实验区内立节水电站库区
11	blj11#	2 230	22.6	立节水电站坝址

图 5.2　新建的代古寺水库坝下生态流量计算河段实测断面分布图

从文献记录（杨会团和任鑫，2017；英朵草，2016；张彦文，2013；杨建红和刘建泉，2006）来看，白龙江分布的可以适应河流流水生境的长江上游特有鱼类有安氏高原鳅、昆明高原鳅、长薄鳅、红唇薄鳅、张氏䱤、汪氏近红鲌、圆筒吻鉤、嘉陵颌须鉤、四川白甲鱼、异鳔鳅鲩、中华裂腹鱼、齐口裂腹鱼、重口裂腹鱼、嘉陵裸裂尻鱼、中华金沙鳅、青石爬鮡16种。从现状调查情况来看，由于白龙江梯级开发程度较高、流水生境破坏严重及其他人类活动干扰等原因，大部分种类都已难以发现，目前仅中华裂腹鱼、嘉陵裸裂尻鱼、张氏䱤、安氏高原鳅等在部分河段有一定的种群规模。其中，张氏䱤、安氏高原鳅为小型鱼类，对生境要求较低，水生生态需水应重点关注中华裂腹鱼和嘉陵裸裂尻鱼。

白龙江上游以产黏沉性卵鱼类为主，鱼类繁殖时段主要集中在 3~6 月，为鱼类繁殖期。流水浅滩生境对于产黏沉性卵鱼类的繁殖及幼鱼等的索饵、育肥具有重要作用。为避免鱼类繁殖期水位陡涨陡落导致鱼卵、鱼苗搁浅死亡，应保障下游水位的稳定性，即水位可以缓慢上涨，一定要避免陡落。

2）生态流量计算

根据计算方法的适宜性分析，以及区域资料条件和河段特点，分别采用水文学法、水力学法、生态水力学法、IFIM 计算水生生态需水量，取 Q_{90} 法计算水环境需水量。

水文学法计算综合考虑白龙江流域水资源和生态环境状况，本书将维持水源及下游区水生生物栖息环境在"好"的状态，并将其作为白龙江引水工程应遵循的底线，即生态流量按照汛期、非汛期分别取多年平均流量的 40% 和 20% 进行控制。根据 Tennant 法，分别将新建的代古寺水库坝址断面处多年平均流量的 20%（13.72 m³/s）和 40%（27.44 m³/s）作为枯水期（11 月至次年 4 月）与丰水期（5~10 月）的生态流量推荐值。

考虑到水力学法的适用条件，本书选择 blj2#、blj5#、blj6#、blj7#4 个浅滩特征明显且不受立节水电站回水影响的断面作为湿周法和 R2-Cross 法计算的控制断面。其中，湿周法采用各断面的湿周-流量曲线斜率为 1 的方法估算最小生态流量，并计算各断面生态流量下的水深等水力学参数。白龙江干流新建的代古寺水库坝址多年平均流量为 68.60 m³/s，为中型河流。根据《水电水利建设项目河道生态用水、低温水和过鱼设施环境影响评价技术指南（试行）》对河宽 30.5 m 以下的小型河流提出的水力学参数标准，结合新建的代古寺水库坝下河段的生境特点，对 R2-Cross 法的水力学参数标准进行修订，修订结果见表 5.13。

表 5.13　新建的代古寺水库坝下河段鱼类生存的水力学参数标准

时期	平均水深/m	湿周率/%	流速/（m/s）
一般用水期（11 月至次年 2 月）	≥0.3	≥50	≥0.3
鱼类繁殖期（3~6 月）	≥0.4	≥60	≥0.3
丰水期（7~10 月）	≥0.4	≥60	≥0.3

湿周法的计算结果见表 5.14，拟定 13.58 m³/s 为湿周法推荐的新建的代古寺水库坝址下游生态流量。根据 R2-Cross 法计算成果，一般用水期，blj2#、blj5#、blj6#、blj7# 典型断面的生态流量分别为 5.49 m³/s、9.60 m³/s、6.17 m³/s 和 7.55 m³/s，此处取各断面生态流量最大值作为 R2-Cross 法推荐的生态流量，为 9.60 m³/s，占坝址多年平均流量的 14%。鱼类繁殖期和丰水期，各断面生态流量分别为 8.23 m³/s、13.03 m³/s、9.60 m³/s 和 10.98 m³/s，取最大值 13.03 m³/s 作为 3~10 月 R2-Cross 法推荐的生态流量，占新建的代古寺水库多年平均流量的 19%。各断面不同时期 R2-Cross 法的计算成果见表 5.15。

表 5.14　新建的代古寺水库坝址下游各断面湿周法估算结果

断面名称	距新建的代古寺水库坝址 /km	拐点对应的流量		湿周率/%	外包值 /(m³/s)
		占多年平均流量的比例/%	流量/(m³/s)		
blj2#	4.3	10.74	7.37	81.12	
blj5#	11.1	19.80	13.58	61.95	13.58
blj6#	13.6	18.47	12.67	67.73	
blj7#	15.5	8.67	5.95	81.25	

表 5.15　新建的代古寺水库坝下不同时期满足各水力学参数标准所需流量结果表

断面	一般用水期（11月至次年2月）		鱼类繁殖期（3~6月）		丰水期（7~10月）	
	流量大小 /(m³/s)	占坝址多年平均流量的百分比/%	流量大小 /(m³/s)	占坝址多年平均流量的百分比/%	流量大小 /(m³/s)	占坝址多年平均流量的百分比/%
blj2#	5.49	8	8.23	12	8.23	12
Blj5#	9.60	14	13.03	19	13.03	19
Blj6#	6.17	9	9.60	14	9.60	14
Blj7#	7.55	11	10.98	16	10.98	16

生态水力学法主要适用于大中型河流内水生生物所需生态流量的计算，对于中型河流，需结合研究河段的实际情况和鱼类资源调查，适当降低水力生境参数标准。据调查，白龙江干流鱼类平均体长为 20~30 cm，其中，中华裂腹鱼和嘉陵裸裂尻鱼的平均体长分别为 11.5 cm 和 12.5 cm。按照最大水深为鱼类体长的 2~3 倍的要求，最大水深下限为 40~90 cm，其中，一般用水期（11月至次年 2 月）最大水深不小于 0.6 m，鱼类繁殖期（3~6 月）和丰水期（7~10 月）最大水深不小于 0.8 m。修订后一般用水期和鱼类繁殖期的水力生境参数见表 5.16。

表 5.16　新建的代古寺水库坝下修订后的水力生境参数标准

水力生境参数	最低标准参数值		累计河段长度占比/%
	一般用水期（11月至次年2月）	鱼类繁殖期（3~6月）、丰水期（7~10月）	
最大水深	鱼类体长的2~3倍（≥0.6 m）	鱼类体长的2~3倍（≥0.8 m）	95
平均水深	≥0.3 m	≥0.3 m	95

续表

水力生境参数	最低标准参数值		累计河段长度占比/%
	一般用水期（11月至次年2月）	鱼类繁殖期（3~6月）、丰水期（7~10月）	
平均流速	≥0.3 m/s	≥0.3 m/s	95
水面宽度	≥10 m	≥15 m	95
湿周率	≥50%	≥50%	95
过水断面面积	≥10 m²	≥15 m²	95
水面面积	≥70%	≥70%	—
水温	适合鱼类生存、繁殖	适合鱼类生存、繁殖	—

注：水面面积为不同流量情况下水面面积占枯水期多年平均流量情况下水面面积的百分比；最大水深限值 3~10 月取 0.8 m，11 月至次年 2 月取 0.6 m。

生态水力学法计算生态流量以一般用水期和鱼类繁殖期水力生境参数最低标准值为限制条件，经多次试算，11 月至次年 2 月（一般用水期）和 3~10 月（鱼类繁殖期和丰水期）同时满足上述要求的最小流量分别为 10.98 m³/s 和 16.46 m³/s，占坝址处多年平均流量的 16% 和 24%。11 月至次年 2 月和 3~10 月最小流量状态下新建的代古寺水库坝址至立节河段的生境情况见表 5.17。可以看出，对于研究河段而言，水面宽度是约束 3~10 月最小流量的敏感参数，其余参数均较容易达到标准要求。满足"水面宽度≥15 m 的累计河段长度占比 95%"这一要求的最小流量为 16.46 m³/s，而此流量状态下，其余参数均大于标准要求的限值。结合研究河段坡陡流急、河道狭窄这一特点，"水面宽度 ≥15 m 的累计河段长度占比 95%"成为约束最小流量的敏感参数是合理的。

表 5.17 新建的代古寺水库坝下 11 月至次年 2 月和 3~10 月最小流量对应的水力生境参数

水力生境参数	11 月至次年 2 月最小流量（10.98 m³/s）对应的参数值	3~10 月最小流量（16.46 m³/s）对应的参数值
最大水深	≥0.6 m 累计河段长度占比为 96%，大于标准要求的≥95%	≥0.8 m 的累计河段长度占比为 96%，大于标准要求的≥95%
平均水深	≥0.3 m 的累计河段长度占比为 100%，大于标准要求的≥95%	≥0.4 m 的累计河段长度占比为 100%，大于标准要求的"≥0.3 m 的累计河段长度占比≥95%"
平均流速	≥0.3 m/s 的累计河段长度占比为 100%，大于标准要求的≥95%	≥0.3 m/s 的累计河段长度占比为 100%，大于标准要求的≥95%
水面宽度	≥10 m 的累计河段长度占比为 95%，等于标准要求的下限值	≥15 m 的累计河段长度占比为 95%，等于标准要求的下限值
湿周率	≥50%的累计河段长度占比为 98%，大于标准要求的≥95%	
过水断面面积	≥10 m² 的累计河段长度占比为 96%，大于标准要求的≥95%	≥15 m² 的累计河段长度占比为 98%，大于标准要求的≥95%
水面面积	占枯水期多年平均流量对应水面面积的 75%，大于标准要求的≥70%	占枯水期多年平均流量对应水面面积的 79%，大于标准要求的≥70%

IFIM 计算生态流量选取新建的代古寺水库坝下至立节水电站回水末端之间的 blj1#～ blj8#共 8 个典型断面作为计算断面，计算河段长度为 15.7 km，计算流量范围为 2～110 m³/s，以鱼类对流速、水深的喜好性来表示鱼类栖息地的优劣。本书主要通过文献调研分析鱼类对流速、水深等水力学参数的需求。王玉蓉和谭燕平（2010）提出西南山区河流裂腹鱼所需的最低平均流速为 0.2 m/s，最低平均水深为 0.4 m；枯水期，裂腹鱼在小河中对平均流速的需求范围为 0.4～1.2 m/s，对平均水深的需求范围为 0.3～0.65 m；在中河中对平均流速的需求范围为 0.36～0.9 m/s，对平均水深的需求范围为 0.44～2.6 m；在大河中对平均流速的需求范围为 0.4～1.0 m/s，对平均水深的需求范围为 1.5～5.8 m。陈明千等（2013）提出齐口裂腹鱼产卵期水深的阈值范围为 0.5～1.5 m，流速的阈值范围为 0.5～2.5 m/s。综合以上相关资料、专家经验，提出新建的代古寺水库坝下河段中华裂腹鱼产卵期的偏好水深范围为 0.5～1.5 m，偏好流速范围为 0.5～1.2 m/s。水深和流速适宜度曲线如图 5.3 所示。

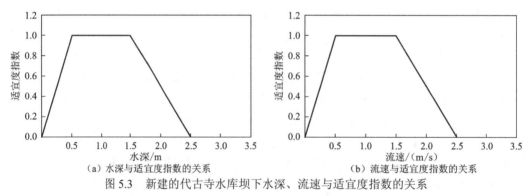

（a）水深与适宜度指数的关系　　（b）流速与适宜度指数的关系

图 5.3　新建的代古寺水库坝下水深、流速与适宜度指数的关系

本节假设各断面所代表的栖息地面积为距上下游断面河段长各一半的栖息地面积，即在自然河道中各断面的权重取 0.5。具体计算方法如下：

$$A_1 = B_1 \times L_1 \times 0.5$$
$$A_2 = B_2 \times (L_1 + L_2) \times 0.5$$
$$\cdots\cdots$$
$$A_7 = B_7 \times (L_6 + L_7) \times 0.5$$
$$A_8 = B_8 \times L_7 \times 0.5$$

式中：A_i、B_i、L_i 分别为 i#断面代表的栖息地面积、水面宽度及与 i + 1#断面的间距。

可绘制栖息地可利用面积 WUA 与流量的关系曲线，如图 5.4 所示。可以看出，WUA 与流量的关系曲线在流量 21 m³/s 处存在明显的转折点，将其对应的流量作为生态所需的基本流量，即生态流量取为 21 m³/s。

依据《水域纳污能力计算规程》（GB/T 25173—2010），基于代古寺水库坝址断面 1961～2017 年逐月径流系列，绘制最枯月平均流量频率曲线，取 90%保证率最枯月平均流量作为新建的代古寺水库坝下维持河道水环境所需的最小流量，为 21.07 m³/s，占坝址处多年平均流量的 30.71%。

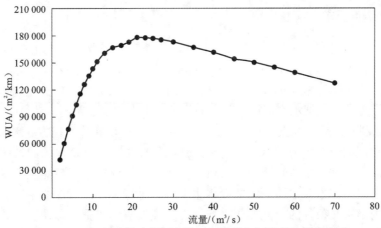

图 5.4　目标鱼种繁殖期栖息地可利用面积与流量的关系曲线

根据湿周法、R2-Cross 法、生态水力学法、Tennant 法、IFIM 等几种方法的计算结果（表 5.18），推荐新建的代古寺水库坝下维持水生生态系统稳定所需水量为：11 月至次年 2 月不低于 13.72 m^3/s，占新建的代古寺水库坝址处多年平均流量的 20%；3～4 月不低于 21 m^3/s，占新建的代古寺水库坝址处多年平均流量的 30.6%；5～10 月不低于 27.44 m^3/s，占新建的代古寺水库坝址处多年平均流量的 40%。

表 5.18　新建的代古寺水库坝下维持水生生态系统稳定所需水量最小推荐值

计算方法	计算值	推荐值
湿周法	13.58 m^3/s	
R2-Cross 法	11 月至次年 2 月为 9.60 m^3/s；3～10 月为 13.03 m^3/s	11 月至次年 2 月为 13.72 m^3/s；
生态水力学法	11 月至次年 2 月为 10.98 m^3/s；3～10 月为 16.46 m^3/s	3～4 月为 21 m^3/s；
Tennant 法	11 月至次年 4 月为 13.72 m^3/s；5～10 月为 27.44 m^3/s	5～10 月为 27.44 m^3/s
IFIM	3～6 月为 21 m^3/s	

3）工程最小下泄流量综合确定

综合以上河道水生生态需水和水环境需水分析成果，取两者的外包值作为新建的代古寺水库坝址推荐的断面生态流量（表 5.19），即在 11 月至次年 4 月生态流量不低于 21.07 m^3/s，占坝址处多年平均流量的 30.71%，5～10 月生态流量不低于 27.44 m^3/s，占坝址处多年平均流量的 40%。

表 5.19　新建的代古寺水库坝下生态流量

生态环境需水	计算值	生态流量推荐值
水生生态需水	11 月至次年 2 月为 13.72 m^3/s；3～4 月为 21 m^3/s；5～10 月为 27.44 m^3/s	11 月至次年 4 月为 21.07 m^3/s；5～10 月为 27.44 m^3/s
水环境需水	21.07 m^3/s	

4）生态调度要求

根据水生态调查结果，在白龙江中下游，鱼类繁殖需要较大的流量刺激和涨水幅度，典型产漂流性卵鱼类如铜鱼、中华金沙鳅基本消失，仅在苗家坝水库、碧口水库、宝珠寺水库等大型水库库尾的变动回水区存在非典型产漂流性卵鱼类蛇鉤的产卵场。上述水库中，最近的苗家坝水库库尾与新建的代古寺水库坝址的距离也超过了 220 km，且区间有岷江、拱坝河等较大支流汇入，并已建梯级 16 座，新建的代古寺水库生态调度对苗家坝水库库尾的影响不大。水生生物栖息地的形成主要靠河道水流的持续冲刷，在长期的栖息地演变中，水生生物适应了其栖息地水流的年内和年际自然涨落变化过程。为更好地保障新建的代古寺水库下游江段水生生物的生境条件，下泄的生态流量过程应该尽可能考虑河道水文条件的天然变化，建议在鱼类繁殖期实施生态调度，并相应制造不少于 1 次的人造洪峰过程。

BBM 基于天然水文过程，综合考虑整个生态系统包括河道、岸边带等的需水，将生态系统整体性和流域管理规划进行了结合。参考 BBM，将湿周法、R2-Cross 法、生态水力学法和 Tennant 法计算得到的 2 月底水生生态需水的外包值（即 13.72 m^3/s）作为 3 月生态流量初始值。按照1961～2017 年逐日平均流量的变化率，确定人造洪峰的峰值流量。计算得到的新建的代古寺水库坝址断面的流量在 3～6 月呈波动上升趋势，在 6 月有 1 次较为明显的涨落过程，峰值出现时间在 6 月 24 日，峰值流量为 59.64 m^3/s。天然来水过程与 BBM 计算的流量过程见图 5.5。结合白龙江流域洪水涨水历时多在 30～50 h，一场次洪水过程多在 7 日内的特点，考虑在 4～6 月（3 月工程不引水）开展生态调度，至少制造 1 次人工流量脉冲事件，单次历时 4～5 天，峰值流量不小于 60 m^3/s。

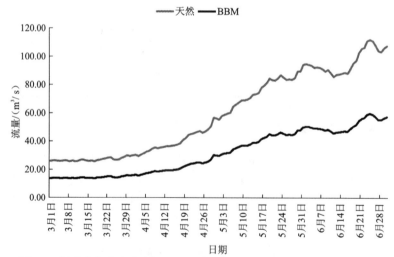

图 5.5 新建的代古寺水库坝下天然来水过程与 BBM 计算的流量过程

5）最小下泄流量要求

综合分析白龙江干流生态流量和生态调度的要求，得到新建的代古寺水库坝址断面的生态流量下泄要求，具体为：11 月至次年 4 月不低于 21.07 m^3/s，占坝址处多年平均流量的 30.71%；5～10 月不低于 27.44 m³/s，占坝址处多年平均流量的 40%；在鱼类繁殖期（4～6 月）相应开展生态调度，制造不少于 1 次的人工流量脉冲事件，单次历时 4～5 天，峰值流量不小于 60 m³/s。

2. 云南省大理白族自治州桃源水库工程

云南省大理白族自治州桃源水库工程主要包括枢纽工程、输水工程和引水工程三部分。其中，枢纽工程为桃源水库工程，总库容为 1.12 亿 m³，为大（2）型工程。桃源水库位于黑惠江上游支流桃源河上。桃源河发源于剑川县羊岑乡月亮坪村西北侧的白汉阱头，流向为由西北向东南，在金坪村处纳入大佛殿河后继续向东南流，在狮子桥处与新松河汇合，最后于甸南镇合江村处注入黑惠江。桃源河流域面积为 347 km²，主河道长 39.12 km，主河道比降 16‰。桃源水库坝址位于甸南镇上桃源村上游，距离剑川县县城 20 km，距离大理市 150 km。桃源水库坝址以上径流面积为 296.5 km²，坝址断面多年平均天然径流量为 10 824 万 m³，水库正常蓄水位为 2 284.0 m，工程灌溉置换面积为 16.4 万亩，多年平均农业灌溉供水量为 7 510 万 m³。在置换灌溉的基础上增加向洱海的生态补水后，桃源水库工程多年平均供水量为 16 803 万 m³，按供水对象划分，其中置换灌区农业灌溉供水量为 7 510 万 m³，洱海生态补水量为 9 293 万 m³。

输水工程取水枢纽位于合江村东部的黑惠江干流上，距离合江村约 320 m。黑惠江是澜沧江左岸一级支流，发源于丽江市古城区九河乡白汉场罗凤山，全长 342 km，流域面积 12 111 km²，河道比降 3.4‰。黑惠江属于剑川县的过境河流，境内河段河长 61.3 km，径流面积 1 199 km²，主要支流有河源河、石菜江、螳螂河、永丰河、回龙河、桃源河（又称羊岑河）、弥沙河等。

引水工程取水枢纽位于黑惠江一级支流弥沙河支流麻栗箐河上游河段，松子箐汇口下游 20 m 处。麻栗箐发源于老君山镇福登山，河源海拔 3 274 m。自河源起，流向为由西北向东南，流经白石江村、大平子村和麻栗箐村等村，在江尾塘村附近注入弥沙河。麻栗箐河流全长 18.9 km，径流面积 86.9 km²，河道平均比降 29.1‰。其中，麻栗箐引水坝径流面积 54.5 km²，河长 13.0 km，河道平均比降 31‰。

云南省大理白族自治州桃源水库工程通过新建桃源水库，联合黑惠江上游区来水、麻栗箐来水，在黑惠江干流合江村取水口水质达不到直接向洱海补水的 II 类水质要求时，向海西海水库、茈碧湖水库灌区农业灌溉供水，置换出本区优质水源向洱海生态补水。当黑惠江干流合江村取水口水质达到直接向洱海补水的 II 类水质要求时，向洱海生态补水，增加洱海入湖清洁生态水量。

1）生态需水需求分析

结合桃源水库的工程特性及涉及河流的环境特征，计算麻栗箐引水口下游断面、桃源水库坝址下游断面、合江村引水枢纽下游断面的生态流量，结合麻栗箐、桃源河和黑惠江的生态环境保护目标要求及引调水规模，上述河流的生态环境需水计算主要考虑水生生态需水、水环境需水和河道外需水量。根据 5.1.2 小节中生态流量计算方法的适用性分析，综合考虑工程所在地环境状况、资料获取及研究周期等情况，拟采用水文学法中的 Tennant 法和水力学法中的湿周法分别计算生态流量，并取两者的最大值作为推荐的维持水生生态系统稳定所需的水量。水环境需水量采用 Q_{90} 法计算。

2）生态流量计算

综合考虑河流水生生态环境保护与工程效益发挥的综合需求，以及《长江经济带生态环境保护规划》等相关文件的管控要求，采用 Tennant 法分别计算麻栗箐、桃源河和黑惠江非汛期与汛期推荐的生态流量。其中，非汛期生态流量取多年平均流量的 15%，汛期生态流量取多年平均流量的 30%。Tennant 法生态流量计算结果见表 5.20。

表 5.20　基于 Tennant 法的桃源水库工程下游河流水生生态需水计算成果

河流	断面	多年平均流量 /（m³/s）	推荐的生态流量/（m³/s）	
			汛期（6～11 月）	非汛期（12 月至次年 5 月）
麻栗箐	麻栗箐引水口下游	1.09	0.33	0.16
桃源河	桃源水库坝址下游	3.43	1.03	0.52
黑惠江	合江村引水枢纽下游	13.07	3.92	1.96

由于缺少麻栗箐引水口下游河段水下地形资料，采用湿周法计算桃源水库坝址下游断面和合江村引水枢纽下游断面的水生生态需水。在桃源河桃源水库坝址下游、黑惠江合江村引水枢纽下游，选取形态顺直、河床形状稳定的宽浅矩形的桃源水库坝址下游断面和合江村引水枢纽下游断面作为湿周法的计算断面。根据湿周法计算结果，桃源水库坝址下游断面和合江村引水枢纽下游断面推荐的生态流量分别为 0.25 m³/s 和 1.15 m³/s。

综合 Tennant 法和湿周法计算的水生生态需水量，推荐麻栗箐引水口下游断面、桃源水库坝址下游断面、合江村引水枢纽下游断面维持水生生态系统稳定所需的水量见表 5.21。

表 5.21　桃源水库工程下游各控制断面维持水生生态系统稳定所需水量最小推荐值

断面	计算方法	计算值	推荐值
麻栗箐引水口下游	Tennant 法	汛期（6～11 月）为 0.33 m³/s；非汛期（12 月至次年 5 月）为 0.16 m³/s	汛期（6～11 月）为 0.33 m³/s；非汛期（12 月至次年 5 月）为 0.16 m³/s
	湿周法	—	
桃源水库坝址下游	Tennant 法	汛期（6～11 月）为 1.03 m³/s；非汛期（12 月至次年 5 月）为 0.52 m³/s	汛期（6～11 月）为 1.03 m³/s；非汛期（12 月至次年 5 月）为 0.52 m³/s
	湿周法	0.25 m³/s	
合江村引水枢纽下游	Tennant 法	汛期（6～11 月）为 3.92 m³/s；非汛期（12 月至次年 5 月）为 1.96 m³/s	汛期（6～11 月）为 3.92 m³/s；非汛期（12 月至次年 5 月）为 1.96 m³/s
	湿周法	1.15 m³/s	

基于麻栗箐引水枢纽坝址断面 1960~2019 年逐月径流系列、桃源水库坝址断面和合江村取水口断面1960~2016年逐月径流系列，采用 Q_{90} 法计算维持麻栗箐引水口、桃源水库坝址下游、合江村引水枢纽河段水环境的最小环境需水量，分别为 0.05 m³/s、0.16 m³/s 和 1.88 m³/s。

河道外用水主要包括麻栗箐引水口和合江村引水枢纽的河道外用水。其中，麻栗箐引水口优先下泄生态流量（汛期 0.33 m³/s，非汛期 0.16 m³/s），河道外需满足区域生活、生产、农业用水量 129.3 万 m³，多余水量才向桃源水库输水。为减少对下游的影响，麻栗箐向桃源水库引水主要集中在汛期 6~11 月，非汛期不引水。合江村取水口汛期最少下泄生态流量 3.92 m³/s，非汛期最少下泄生态流量 1.96 m³/s，当来水量小于最小生态流量时，来水量全部下泄，合江村引水枢纽停止引水。河道外用水主要是灌溉用水，合江村引水枢纽必须优先下泄河道生态水量 9 285 万 m³ 和沙溪坝农业灌溉用水需求 1 170.6 万 m³ 后，多余水量才能向洱海灌区供水。

3）生态流量综合分析

根据麻栗箐引水口下游断面、桃源水库坝址下游断面、合江村引水枢纽下游断面水生生态需水和环境需水计算成果，取外包值作为以上三个断面的推荐生态流量，结果见表 5.22。

表 5.22　桃源水库工程坝下各控制断面生态流量推荐值

断面	用水需求	计算值	推荐值
麻栗箐引水口下游	水生生态需水	汛期（6~11 月）为 0.33 m³/s；非汛期（12 月至次年 5 月）为 0.16 m³/s	汛期（6~11 月）为 0.33 m³/s；非汛期（12 月至次年 5 月）为 0.16 m³/s
	水环境需水	0.05 m³/s	
桃源水库坝址下游	水生生态需水	汛期（6~11 月）为 1.03 m³/s；非汛期（12 月至次年 5 月）为 0.52 m³/s	汛期（6~11 月）为 1.03 m³/s；非汛期（12 月至次年 5 月）为 0.52 m³/s
	水环境需水	0.16 m³/s	
合江村引水枢纽下游	水生生态需水	汛期（6~11 月）为 3.92 m³/s；非汛期（12 月至次年 5 月）为 1.96 m³/s	汛期（6~11 月）为 3.92 m³/s；非汛期（12 月至次年 5 月）为 1.96 m³/s
	水环境需水	1.88 m³/s	

3. 湖北省姚家平水利枢纽工程

湖北省姚家平水利枢纽工程位于清江上游湖北省恩施土家族苗族自治州恩施市境内，坝址在屯堡乡马者村，距恩施市城区约 38 km，坝址控制流域面积 1 927.6 km²，坝址多年平均流量为 51.9 m³/s，工程任务为防洪和发电。姚家平水利枢纽工程为大（2）型工程，水库死水位为 715 m，汛限水位为 729 m，正常蓄水位为 745 m，防洪高水位为 748.2 m，500 年一遇设计洪水位为 748.3 m，2 000 年一遇校核洪水位为 749.02 m。姚家平水库总库容为 3.20 亿 m³，防洪库容为 1.1 亿 m³，调节库容为 1.511 亿 m³，工程处于正常蓄水位 745 m 时，水库水面面积为 6.34 km²，回水长度为 15.7 km，库容系数为 9.21%，属年调节水库。

1）生态需水需求分析

姚家平水利枢纽的蓄水运行，将在一定程度上改变坝下河段的水文情势。工程下泄流量主要考虑维持水生生态系统稳定所需要的生态流量和维持河道水质的最小稀释净化水量。

根据相关文献资料记载和现场调查结果（刘慧，2010；吴江，1984），清江上游水域内仍分布有齐口裂腹鱼、青石爬鮡、短体副鳅等珍稀保护鱼类。其中，齐口裂腹鱼是长江上游特有的重要冷水性经济鱼类，青石爬鮡为国家二级重点保护野生动物，是长江上游特有鱼类，且在姚家平水利枢纽工程影响区域有一定的数量分布。齐口裂腹鱼个体较大，在底层生活，对水温要求较低，对水深、流速的需求较高，喜欢生活于急缓流交界处；齐口裂腹鱼生长缓慢，性成熟晚，产卵季节有短距离洄游，繁殖季节为 3～6 月，产沉性卵；齐口裂腹鱼天然产卵期的水深阈值为 0.5～1.5 m，适宜流速范围为 0.5～2.5 m/s，偏好流速为 0.5～1.8 m/s。青石爬鮡个体较小，多生活在山区河流中，喜欢流水多石河段，常贴附于石上，营底栖生活，生长缓慢；繁殖季节为 6～7 月，育幼期为 8～10 月，11 月至次年 5 月为成长期，常在急流多石的河滩上产卵；适宜栖息地流速变幅大，变化范围为 0.45～1.74 m/s，最大水深一般为 0.25～0.6 m。本次以齐口裂腹鱼为代表的裂腹鱼类和以青石爬鮡为代表的鮡类作为姚家平水利枢纽坝下游河段的主要保护对象，以维持其水生态需水要求为目标开展水生态用水需求计算。

2）生态流量计算

清江干流恩施段河长约 275 km，干流目前已建成 10 座梯级，从上游至下游依次为三渡峡水电站、雪照河水电站、大河片水电站、天楼地枕水电站、龙王塘水电站、大龙潭水电站、红庙水电站、水布垭水电站、隔河岩水电站、高坝洲水电站，其中红庙水电站已经退出运行。姚家平水利枢纽坝址位于天楼地枕水电站坝址上游约 2.5 km 处，库区回水长度约 15.7 km，坝下已建工程中天楼地枕水电站和龙王塘水电站均不具备调节能力，大龙潭水电站具有季调节能力，库区回水至龙王塘水电站坝下。结合区域水生态环境现状及已建工程情况，确定生态流量研究河段为姚家平水利枢纽坝址至龙王塘水电站坝址间长约 12.6 km 的河段。姚家平水利枢纽工程生态流量计算河段范围见图 5.6。综合考虑河段生态保护目标、区域鱼类的生境条件和生活特点、河流形态特点、河段鱼类生长发育适宜情况、典型断面处水文情势变化情况等，分别在坝址处、厂房处、鱼类重要生境处、河道弯曲处、急流段、滩地段、支流汇入处等典型位置布设断面。

根据《环境影响评价技术导则 地表水环境》（HJ 2.3—2018）中关于水生生态需水的相关要求，以及姚家平水利枢纽工程的特点、清江流域具体情况，选用 Tennant 法、湿周法、R2-Cross 法和生态水力学法计算生态流量。

对于目前清江干流已建成的 9 座梯级（不含已退出运行的红庙水电站），根据《利川市小水电清理整改"一站一策"工作方案》，三渡峡水电站、雪照河水电站、大河片水电站的生态流量分别为 1.13 m³/s、2.51 m³/s、2.97 m³/s；根据《恩施市小水电清理整

图 5.6　姚家平水利枢纽工程生态流量计算河段范围

改 "一站一策" 工作方案》，天楼地枕水电站、龙王塘水电站的生态流量分别为 5.38 m³/s、6.17 m³/s，大龙潭水电站的生态流量核定值为 6.95 m³/s；《湖北省水利厅关于印发第一批重点河湖生态流量（水位）保障目标的函》（鄂水利函〔2020〕596 号）提出水布垭水电站的生态基流为 35 m³/s，大龙潭水电站最小下泄流量建议值为 6.8 m³/s。各梯级核定的生态流量值见表 5.23。可以看出，已建梯级的生态流量核定值在 9.6%～11.7%。

表 5.23　清江干流恩施段已建梯级生态流量指标

梯级名称	投产年份	生态流量/（m³/s）	占坝址多年平均流量的比例/%	指标来源
三渡峡水电站	1964	1.13	10.6	《利川市小水电清理整改 "一站一策" 工作方案》
雪照河水电站	1983	2.51	10.1	
大河片水电站	1987	2.97	10.3	
天楼地枕水电站	1993	5.38	9.6	《恩施市小水电清理整改 "一站一策" 工作方案》
龙王塘水电站	1978	6.17	10.0	
大龙潭水电站	2005	6.95	9.9	
		6.8	9.7	《湖北省水利厅关于印发第一批重点河湖生态流量（水位）保障目标的函》
水布垭水电站	2008	35	11.7	
隔河岩水电站	1993	46	11.4	—
高坝洲水电站	1999	46	10.4	—

参考《湖北省清江流域水生态环境保护条例》中"清江流域内的水电站应当配套建设生态流量泄放设施,合理安排闸坝下泄水量,保证最小下泄生态流量不低于本河段多年平均径流流量的10%。"的规定,以及《长江经济带生态环境保护规划》和《长江保护修复攻坚战行动计划》中"2020年年底前,长江干支流主要控制断面生态基流占多年平均流量的15%"的要求,采用Tennant法计算时,分别将姚家平水利枢纽坝址断面多年平均流量(51.9 m³/s)的15%(7.79 m³/s)和30%(15.57 m³/s)作为非汛期(11月至次年3月)和汛期(4~10月)的生态流量推荐值。

为了分析计算河段鱼类生长发育情况及典型断面处水文情势变化情况,对计算河段进行了大断面测量,在坝址处、厂址处、鱼类重要生境处、河道弯曲处、急流段、滩地段、支流汇入处等典型位置均布设断面。为了计算姚家平水利枢纽下游河段水生生态需水量,根据区域鱼类的生境条件和生活特点,以及河流形态特点,分别选取D004(坝下减水河段)、D007(坝下减水河段)、D018(天楼地枕坝下宽浅断面)、D027(天楼地枕坝下宽浅断面)、D045(甘名溪汇口附近宽浅断面)、D046(甘名溪汇口附近宽浅断面)6个浅滩特征明显的断面作为特征研究断面,采用湿周法计算各控制断面的生态流量及相应的水力要素,见表5.24。

表5.24 姚家平水利枢纽工程坝下各控制断面湿周法估算结果

断面名称	距姚家平水利枢纽坝址/m	拐点对应的流量		湿周率/%	外包值/(m³/s)
		占多年平均流量的比例/%	流量/(m³/s)		
D004	611	8.63	4.48	81.4	
D007	1 229	3.78	1.96	88.5	
D018	3 352	13.41	6.96	76.8	8.48
D027	5 083	16.34	8.48	72.5	
D045	8 950	11.71	6.08	74.6	
D046	9 221	8.32	4.32	81.0	

采用R2-Cross法计算时,须根据《水电水利建设项目河道生态用水、低温水和过鱼设施环境影响评价技术指南(试行)》,并结合姚家平水利枢纽坝址处河流特征(多年平均流量为51.9 m³/s的中型河流)、工程下游评价河段生境特点、鱼类繁殖的敏感期用水需求等对R2-Cross法的水力学参数标准进行修订(表5.25)。

表5.25 姚家平水利枢纽工程坝下河段鱼类生存的水力学参数标准

河宽/m	一般用水期(11月至次年3月)			鱼类主要繁殖期(4~6月)、丰水期(4~10月)		
	平均水深/m	平均湿周率/%	平均流速/(m/s)	平均水深/m	平均湿周率/%	平均流速/(m/s)
≤18.3	0.12~0.18	50	0.3	0.3	60	0.5
18.3~30.5	0.18~0.3	60	0.3	0.3	70	0.5

　　R2-Cross 法的控制断面与湿周法一致。根据河道水力学计算成果，结合表 5.25 中的水力学参数标准，确定不同时段满足鱼类生存的水力学参数标准的流量，见表 5.26。可以看出，一般用水期，各断面生态流量计算成果的最大值为 6.49 m³/s，将其作为一般用水期（11 月至次年 3 月）的推荐生态流量；鱼类繁殖期和丰水期，生态流量计算成果的最大值为 14.27 m³/s，将其作为 4～10 月的推荐生态流量。

表 5.26　姚家平水利枢纽工程坝下不同时期满足各水力学参数标准所需流量结果表

断面	水期	流量大小/(m³/s)	对应参数				外包值/(m³/s)
			河宽/m	平均水深/m	湿周率/%	流速/(m/s)	
D004		5.19	15.3	0.23	84	0.86	
D007		5.19	19.0	0.20	91	1.83	
D018	11 月～	5.19	9.0	0.18	72	0.96	
D027	次年 3 月	6.49	12.5	0.18	69	0.91	6.49
D045		5.19	21.1	0.20	71	0.34	
D046		6.49	26.6	0.20	86	0.84	
D004		14.27	17.4	0.39	93	1.26	
D007		12.98	24.1	0.41	96	2.60	
D018	4～10 月	14.27	10.4	0.31	88	1.20	14.27
D027		14.27	12.8	0.30	83	1.10	
D045		14.27	21.8	0.31	86	0.54	
D046		14.27	30.5	0.31	92	1.10	

　　据调查，姚家平水利枢纽工程坝下河段重点关注的齐口裂腹鱼和青石爬鮡的平均体长分别为 15.9 cm 和 12.4 cm，按照最大水深为鱼类体长的 2～3 倍的要求，最大水深下限值为 25～32 cm。对于一般用水期（11 月至次年 3 月）最大水深不小于 0.25 m，对于鱼类主要繁殖期（4～6 月）和丰水期（4～10 月）最大水深不小于 0.32 m。采用生态水力学法前，根据工程所在的清江上游河段的实际情况及鱼类资源调查结果，适当降低生态水力学法推荐的水力学参数标准，修订后的水力生境参数标准见表 5.27。

表 5.27　姚家平水利枢纽工程坝下河段的水力生境参数标准

水力生境参数	最低标准参数值		累计河段长度
	一般用水期（11 月至次年 3 月）	鱼类主要繁殖期（4～6 月）、丰水期（4～10 月）	占比/%
最大水深	≥0.25 m	≥0.32 m	95
平均水深	≥0.2 m	≥0.25 m	95
平均流速	≥0.3 m/s	≥0.5 m/s	95
水面宽度	≥10 m	≥12 m	95
湿周率	≥50%	≥60%	95
水面面积	≥70%	≥70%	—

为了较全面地了解姚家平水利枢纽下游河段水力生境参数的分布特点，以坝址多年平均流量的 10%为计算工况的最小流量，初步拟定多年平均流量的 10%、12.5%、15%、17.5%、20%、25%、30%共 7 个模拟工况，对各工况下河段内的水力生境参数进行试算，进而确定不同时段的生态流量。经多次试算，同时满足要求的一般用水期（11月至次年 3 月）的最小流量为 7.79 m³/s，占坝址处多年平均流量的 15%；同时满足要求的鱼类繁殖期及丰水期（4~10 月）的最小流量为 15.57 m³/s，占坝址处多年平均流量的30%。最小流量状态下姚家平水利枢纽坝址至龙王塘水电站河段的生境情况见表 5.28。

表 5.28   姚家平水利枢纽坝下 11 月至次年 3 月和 4~10 月最小流量对应的水力生境参数

水力生境参数	11 月至次年 3 月最小流量（7.79 m³/s）对应的参数值	4~10 月最小流量（15.57 m³/s）对应的参数值
最大水深	≥0.25 m 的累计河段长度占比为 95.3%，大于标准要求的≥95%	≥0.32 m 的累计河段长度占比为 96.1%，大于标准要求的≥95%
平均水深	≥0.2 m 的累计河段长度占比为 100%，大于标准要求的≥95%	≥0.25 m 的累计河段长度占比为 95%，大于标准要求的≥95%
平均流速	≥0.3 m/s 的累计河段长度占比为 100%，大于标准要求的≥95%	≥0.5 m/s 的累计河段长度占比为 100%，大于标准要求的≥95%
水面宽度	≥10 m 的累计河段长度占比为 97%，大于标准要求的≥95%	≥12 m 的累计河段长度占比为 97%，大于标准要求的≥95%
湿周率	≥50%的累计河段长度占比为 97%，大于标准要求的≥95%	≥60%的累计河段长度占比为 97%，大于标准要求的≥95%
水面面积	占枯水期多年平均流量对应水面面积的 72%，大于标准要求的≥70%	占枯水期多年平均流量对应水面面积的 79%，大于标准要求的≥70%

根据《河湖生态环境需水计算规范》（SL/T 712—2021）和《水域纳污能力计算规程》（GB/T 25173—2010）的要求，基于姚家平水利枢纽坝址断面 1958~2018 年逐月径流系列，将 Q_{90} 法的计算结果作为姚家平水利枢纽坝下维持河道水环境所需的最小流量，为 5.28 m³/s。

3）工程最小下泄流量综合确定

将 Tennant 法、湿周法、R2-Cross 法、生态水力学法及 Q_{90} 法计算的生态流量取外包值，推荐姚家平水利枢纽坝下 11 月至次年 3 月的生态流量不应低于 8.48 m³/s，占坝址处多年平均流量的 16.3%；4~10 月的生态流量不应低于 15.57 m³/s，占坝址处多年平均流量的 30.0%（表 5.29）。

表 5.29   姚家平水利枢纽工程坝下生态流量   （单位：m³/s）

计算方法	一般用水期（11 月至次年 3 月）	鱼类繁殖期和丰水期（4~10 月）
Tennant 法	7.79	15.57
湿周法	8.48	
R2-Cross 法	6.49	14.27
生态水力学法	7.79	15.57
Q_{90} 法	5.28	
外包值	8.48	15.57

4. 重庆市乌江白马航电枢纽

乌江为长江上游右岸最大的支流，流域位于 104°10′～109°12′E 和 25°56′～30°22′N，干流全长 1 037 km，流域面积为 87 920 km²。乌江正源三岔河发源于贵州省西部威宁彝族回族苗族自治县乌蒙山东麓的香炉山花鱼洞，北支六冲河位于云南省镇雄县境内，流经云南省、贵州省、湖北省、重庆市四个省（直辖市），于重庆市涪陵区汇入长江，河口多年平均流量为 1 690 m³/s，多年平均径流量为 534 亿 m³。

重庆乌江白马航电枢纽坝址位于重庆市武隆区白马镇，控制流域面积 83 690 km²，占乌江流域总面积的 95.2%；坝址以上多年平均流量为 1 580 m³/s，多年平均径流量为 495.5 亿 m³。白马航电枢纽位于乌江干流下游河段，距上游银盘水电站约 46 km，上游约 39 km 处有芙蓉江从左岸汇入库区；距下游乌江河口约 43 km，乌江河口下游 483 km 为三峡水库，白马航电枢纽坝下至乌江河口河段处于三峡水库回水范围。

白马航电枢纽总库容为 3.74 亿 m³，正常蓄水位为 184 m，正常蓄水位以下库容为 1.67 亿 m³，回水长度为 45.3 km，调节库容为 0.41 亿 m³；死水位为 180 m，设计洪水位为 194.36 m，校核洪水位为 201.93 m。白马航电枢纽的开发任务为以航运为主，兼顾发电，并具有对银盘水电站进行反调节的作用。白马航电枢纽的航道通航标准为 Ⅳ 级，最大可通行 500 t 级船舶，船闸的级别为 Ⅳ 级，改善通航里程 45.3 km，设计水平年货运量为 425 万 t/a。白马航电枢纽装机容量为 480 MW，多年平均发电量为 17.12 亿 kW·h。

1）生态需水需求分析

三峡水库为白马航电枢纽下游的相邻梯级，正常蓄水位为 175 m，枯水期消落低水位为 155 m，汛期防洪限制水位为 145 m，乌江有 25.5 km 位于三峡水库常年回水区，有 59.5 km 位于三峡水库变动回水区，白马航电枢纽的坝址位于变动回水区中。三峡水库枯水期消落水位和正常蓄水位与白马航电枢纽发电尾水衔接，并与之有部分重叠，6～9 月中旬，三峡水库坝前水位降至汛期防洪限制水位 145 m，与白马航电枢纽发电尾水位在大部分时间是不衔接的，若这段时间白马航电枢纽不下泄流量，白马航电枢纽坝下约有 17.5 km 河段将出现减水。因此，应合理确定白马航电枢纽需下泄的生态流量，保障下游生态环境用水需求。由于三峡水库枯水期（11 月至次年 4 月）的水位较高（大于 155 m），对白马航电枢纽坝下至乌江河口河段有顶托作用，在此期间，坝下河段由天然河流形态转变为湖泊形态，流量要素不再是水生生态系统的限制因素，因此生态流量计算主要针对三峡水库低水位（145 m）运行期。

白马航电枢纽坝下河段的生态流量主要考虑维持水生生态系统稳定所需水量、维持河流水环境质量的最小稀释净化水量、维持河道航运功能所需水量和工农业生产及生活用水量四个方面的用水需求，白马航电枢纽的最小下泄流量须考虑各方面的需水量综合确定。由于维持水生生态系统稳定所需水量、维持河流水环境质量的最小稀释净化水量、维持河道航运功能所需水量这三部分需水量均属于河道内需水量，可重复利用，取三者的最大值作为河道内需水量即可，工农业生产及生活用水量为河道外需水量，最小下泄流量为河道内需水量与河道外需水量的和，即 max{维持水生生态系统稳定所需水量，维持河流水环境质量的最小稀释净化水量，维持河道航运功能所需水量}+工农业生产及生活用水量。

2）生态流量计算

白马航电枢纽坝下最小的维持水生生态系统稳定所需水量可分别采用 Tennant 法、湿周法及生态水力学法进行计算，将最大值作为推荐值。

根据 Tennant 法，白马航电枢纽最小生态流量取不小于多年平均流量的 10%，为 158 m³/s。

选取白马航电枢纽坝下河道 8 km、18 km 处和河口处（坝址下游 43 km）共 3 个河势稳定且呈抛物线形的大断面为湿周法典型控制断面。各断面的湿周-流量关系见图 5.7。经分析，各断面湿周-流量关系转折点处对应的流量分别为 189 m³/s、128 m³/s 和 166 m³/s，本次取最大流量作为湿周法推荐的河段生态流量，即 189 m³/s。

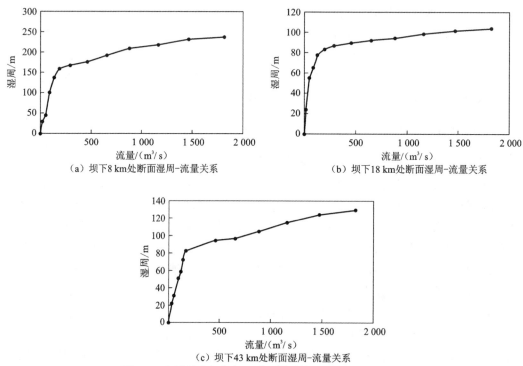

（a）坝下 8 km 处断面湿周-流量关系　　　　（b）坝下 18 km 处断面湿周-流量关系

（c）坝下 43 km 处断面湿周-流量关系

图 5.7　白马航电枢纽坝下典型控制断面湿周-流量关系

考虑到三峡水库回水将衔接至白马航电枢纽坝下，选取白马航电枢纽坝址下游 8 km、18 km 处和河口处（坝址下游 43 km）为代表断面，选定最小下泄流量为 80 m³/s（约为多年平均流量的 5%）和 160 m³/s（约为多年平均流量的 10%）两种工况，分别采用生态水力学法进行河道水力生境参数试算，确定能同时满足河道下游水生生物水力生境需求的最小下泄流量，计算结果见表 5.30。可以看出，当下泄流量为 80 m³/s 时，水面宽度、平均水深和平均流速等水力学参数可以满足下游河段水生生物水力生境需求，但湿周率未达到不小于 50%的要求；当下泄流量为 160 m³/s 时，水力生境参数可以满足下游水生生物水力生境需求，确定其为生态水力学法推荐的生态流量。

表 5.30　白马航电枢纽下泄流量生态水力学参数计算成果表

流量 /（m³/s）	距白马航电枢纽坝址/km	水面宽度/m	最大水深/m	平均水深/m	平均流速 /（m/s）	湿周率 /%
80	8	83.00	1.60	1.00	0.96	35.81
	18	67.30	1.90	1.20	0.99	60.62
	43	35.44	1.70	0.90	2.50	34.73
	—	—	—	≥0.90	≥0.96	≥34.73
160	8	119.10	3.40	2.15	0.63	63.25
	18	75.70	3.80	2.83	0.75	75.67
	43	71.08	4.90	2.96	0.76	60.70
	—	—	—	≥2.15	≥0.63	≥60.7

Tennant 法、湿周法和生态水力学法计算的维持水生生态系统稳定所需水量见表 5.31，取各方法生态流量计算成果的最大值作为白马航电枢纽维持水生生态系统稳定所需水量，为 189 m³/s，占坝址处多年平均流量的 12%。

表 5.31　基于不同方法计算的白马航电枢纽坝下维持水生生态系统稳定最小需水量

计算方法	Tennant 法	湿周法	生态水力学法
生态流量/（m³/s）	158	189	160

白马航电枢纽坝下乌江干流评价范围内水域的功能要求为 III 类，乌江支流石梁河的水功能要求为 III 类。白马航电枢纽坝下有石梁河汇入，白马镇的生活污水和生产污水经污水处理厂处理后通过石梁河排往坝下。白马镇污水处理厂 2013 年投入使用，按照《城镇污水处理厂污染物排放标准》（GB 18918—2002）一级 B 标准出水，出水中化学需氧量（chemical oxygen demand，COD）质量浓度取 60 mg/L，氨氮质量浓度取 8 mg/L。白马镇污水处理厂处理规模为 1 500 m³/d。污水处理厂出水首先进入石梁河被稀释，石梁河多年平均流量为 9.39 m³/s，为保证石梁河汇入乌江后，乌江干流水质达标，需下泄一定的环境需水量。本书采用单点容量计算公式计算河流污染物允许排放量，并试算污染物迁移转化水功能区水质达标所需的最小流量，即维持河流水环境功能的需水量。根据污染源预测和试算结果，当上游来水最小流量大于 0.9 m³/s，可达到水体水功能要求时，保证污染物稀释后 COD 质量浓度达到 III 类水域的功能要求；当上游来水最小流量大于 3.7 m³/s 时，可保证氨氮质量浓度达到 III 类水域的功能要求。因此，维持河流水环境功能的需水量取 3.7 m³/s。

根据工程可研报告，当三峡水库坝前水位为 175 m（吴淞）时，白马航电枢纽坝址下游为条件良好的库区航道；当三峡水库坝前水位为 155 m（吴淞）时，枢纽坝下游滩险均被淹没，与枢纽下游相接；三峡水库坝前水位 145 m（吴淞）时，三峡水库与白马航电枢纽尾水不能满足通航水位要求。白马航电枢纽最小下泄流量不低于 385 m³/s时，可满足白马航电枢纽库区和坝下河段控制断面的航运要求。

白马航电枢纽坝址下游三峡水库变动回水区内分布有 2 个工业和生活集中式地表水取水设施，分别为重庆市建峰化工股份有限公司取水口和重庆紫光天原化工有限责任公司取水口，取水流量分别为 1.68 m³/s 和 0.24 m³/s，合计取水流量约为 2.0 m³/s。白马航电枢纽坝址至乌江河口河段的农业灌溉用水以蓄水工程提供的水源为主，乌江干流农业灌溉提水工程取水量很小。综合确定的河段工农业生产及生活用水量为 2.0 m³/s。

白马航电枢纽坝址以上集水面积为 83 690 km²，乌江流域的集水面积为 87 920 km²，白马航电枢纽至乌江河口河段的集水面积为 4 230 km²，根据设计文件，白马航电枢纽坝址多年平均流量为 1 570 m³/s，最枯月（2 月）平均流量为 425 m³/s，将白马航电枢纽坝址径流同比例缩小至白马航电枢纽至乌江河口河段，得到白马航电枢纽至乌江河口河段的多年平均流量为 80 m³/s，最枯月（2 月）的平均流量为 21.5 m³/s。

3）最小下泄流量综合确定

当三峡水库坝前水位为 155 m（吴淞）以上时，一般为 11 月至次年 4 月，三峡水库回水与白马航电枢纽下游相接，白马航电枢纽不需要下泄生态流量；当三峡水库坝前水位低于 155 m（吴淞）时，一般为 5~10 月，白马航电枢纽坝址下游维持水生生态系统稳定所需水量为 189 m³/s，维持河流水环境功能的需水量为 3.7 m³/s，维持白马航电枢纽下游河道航运功能的最小通航流量为 385 m³/s，工农业生产及生活用水量为 2.0 m³/s，综合以上分析成果，推荐白马航电枢纽最小下泄流量取各类需水量之和，即 387 m³/s。

5. 江西省赣江井冈山水电站

井冈山水电站位于赣江中游河段，江西省吉安市万安县境内，为原赣江流域规划中的泰和水电站，是赣江中游河段万安水电站—泰和水电站—石虎塘水电站—峡江水电站 4 级开发方案中的第 2 级。井冈山水电站坝址右岸位于万安县窑头镇，左岸位于万安县韶口乡与泰和县马市镇交界处，是一座具有发电、航运等综合效益的水利枢纽工程。

井冈山水电站位于赣江中游万安县县城与泰和县县城之间，坝址在万安水电站坝址下游 34.8~42.8 km（分别为窑头上坝址、窑头下坝址和泰和坝址）。窑头上坝址、窑头下坝址和泰和坝址的集水面积分别为 40 481 km²、40 522 km² 和 40 937 km²。在万安水电站坝址与井冈山水电站坝址之间有遂川江、土龙水两条较大的一级支流汇入。井冈山水电站是一座以发电、航运等综合利用效益为开发任务的水电枢纽工程。井冈山水电站坝址处多年平均流量为 1 060 m³/s，多年平均径流量为 333 亿 m³。水库正常蓄水位为 67.5 m，总库容为 2.967×10⁸ m³，装机容量为 133 MW，多年平均发电量为 5.07×10⁸ kW·h，保证出力为 20.4 MW，通航建筑物规模为 1 000 t 级双线单级船闸（预留一线)。

根据《江西省赣江流域规划报告》和工程开发条件,井冈山水电站为发电、航运结合工程,是万安水电站的反调节枢纽,其主要任务包括发电、渠化坝址至万安水电站坝址河道、释放万安水电站的航运基荷。

1)生态需水需求分析

结合井冈山水电站的工程特性及环境特征,以及井冈山水电站坝下游河段承担的主要任务,确定最小下泄流量需考虑维持水生生态系统稳定所需水量、维持河流水环境质量的最小稀释净化水量、维持河道航运功能所需水量和工农业生产及生活用水量四个方面的需水。其中,井冈山水电站水生生态需水量采用 Tennant 法、湿周法及生态水力学法进行计算分析,并取最大值作为推荐的维持水生生态系统稳定所需水量的最小值。

2)生态流量计算

根据 Tennant 法,井冈山水电站坝下水生生态需水量不小于多年平均流量的 10%,取 106 m³/s。

井冈山水电站坝下 2 087 m 和 7 185 m 处大断面所在的河道,形态比较顺直,河床形状稳定,河道呈宽浅矩形,可作为湿周法计算的典型控制断面,各断面的湿周-流量关系见图 5.8。可以看出,坝下 2 087 m 处转折点对应的流量为 86 m³/s 和 98 m³/s;坝下 7 185 m 处转折点对应的流量为 80 m³/s 和 95 m³/s,取转折点处的最大流量 98 m³/s 作为湿周法生态流量的推荐值。

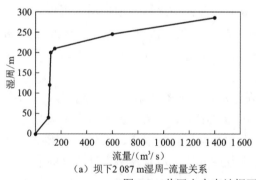
(a)坝下 2 087 m 湿周-流量关系

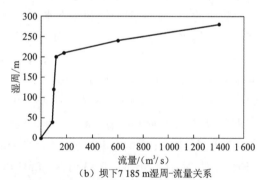
(b)坝下 7 185 m 湿周-流量关系

图 5.8 井冈山水电站坝下典型控制断面湿周-流量关系

井冈山水电站坝址处多年平均流量为 1 060 m³/s,属大型河流,径流年际变化较大,丰水年平均流量为 1 549 m³/s,枯水年平均流量为 708 m³/s。通过对坝址下游河段水文情势和水生生物用水需求的分析,分别确定下泄 53 m³/s、106 m³/s、212 m³/s、318 m³/s 等流量情况下的河道水力生境参数。考虑到井冈山水电站下游石虎塘水电站已于 2013 年 8 月正式建成,石虎塘水电站回水将衔接至井冈山水电站坝下,分别选定 53 m³/s(多年平均流量的 5%)和 106 m³/s(多年平均流量的 10%)两种工况进行计算。由于井冈山水电站坝址与石虎塘水电站坝址之间均为宽浅型河道,河道形态变化不大,选取井冈山水电站坝址下游 2 087 m 处、5 322 m 处和 7 185 m 处为代表断面，计算选定流量情况下各断面的河道生境水力学参数，计算结果见表 5.32。可见，当井冈山水电站坝址下泄流量为 53 m³/s 时，水面宽度、平均水深和平均流速满足下游河段水生生物水力生境参数要求，但湿周率最大为 16.67%，未达到不小于 50% 的要求；当下泄流量为 106 m³/s 时，河道水力生境参数均能达到水生生物需水要求，可作为生态水力学法的推荐生态流量。

表 5.32　井冈山水电站下游用水保证流量计算成果表

流量/(m³/s)	距井冈山坝址/m	水面宽度/m	最大水深/m	平均水深/m	平均流速/(m/s)	湿周率/%
53	2 087	80.23	0.80	0.75	0.88	15.25
	5 322	90.16	1.20	0.76	0.77	16.67
	7 185	90.66	1.20	0.79	0.74	15.74
	—	—	—	≥0.75	≥0.74	≥15.25
106	2 087	350.00	1.46	0.35	0.87	65.43
	5 322	356.00	1.38	0.32	0.93	64.84
	7 185	336.00	1.52	0.39	0.81	57.47
	—	—	—	≥0.32	≥0.81	≥57.47

Tennant 法、湿周法和生态水力学法计算出的维持水生生态系统稳定所需水量分别为 106 m³/s、98 m³/s 和 106 m³/s，取上述方法计算结果的最大值作为井冈山水电站维持水生生态系统稳定所需水量的推荐值，为 106 m³/s（占坝址处多年平均流量的 10%）。需要说明的是，使用湿周法和生态水力学法计算时，井冈山水电站坝下河段采用的是天然状况下的水位-流量关系。井冈山水电站下游 47 km 处的石虎塘水电站已于 2013 年 8 月正式建成，回水将衔接至井冈山水电站坝下，有利于进一步提高井冈山水电站至石虎塘水电站河段的生态需水保障程度。

井冈山水电站坝址至下游石虎塘水电站坝址河段分布有泰和县狗子脑取水口和南门洲取水口，分别距井冈山水电站坝址约 30 km 和 26 km，另外，泰和县远期规划建设的上田取水口距井冈山水电站坝址约 21 km。泰和县狗子脑取水口、南门洲取水口、上田取水口取水流量分别为 0.23 m³/s、0.03 m³/s 和 0.58 m³/s，取水流量合计为 0.84 m³/s。井冈山水电站坝址至下游石虎塘水电站坝址河段的农业灌溉用水以蓄水工程提供的水源为主，灌溉提水工程分散且规模小，赣江干流农业灌溉提水工程取水量很小。因此，井冈山水电站坝下的工农业生产及生活用水量为 0.84 m³/s。

井冈山水电站下游影响评价范围内水域的功能要求为 Ⅲ 类。井冈山水电站坝址至下游石虎塘水电站坝址河段的泰和县污水排放进入赣江后，需下泄一定的生态流量来确保水质达标。根据《泰和县城市总体规划（2014—2030）》，2020 年对县城现有的排污口的污水进行 100% 截流，集中抽送至污水处理厂进行二级处理。2020 年县城污水的排放量为 4.38×10⁷ t，日变化系数取 1.4，最大污水排放量为 1.94 m³/s。COD 排放质量浓度取 100 mg/L，氨氮排放质量浓度取 25 mg/L。采用单点容量计算公式计算河流污染物允许排放量。经计算，泰和县污染物、废污水排放进入赣江干流时，如上游来水最小流量大于 16.2 m³/s，可保障 COD 稀释自净后的质量浓度达到 III 类水域的功能要求；如上游来水最小流量大于 4.1 m³/s，可保证氨氮质量浓度达到 III 类水域的功能要求。本次取两者的最大值 16.2 m³/s 作为维持水环境功能的所需水量。

井冈山水电站通航水位为 56.2 m，与石虎塘水电站死水位是衔接的，且《赣江、信江高等级航道建设规划》中考虑了井冈山水电站下游航道整治开挖工程，整治开挖后，下游航道航深满足 III 级航道通航要求。井冈山水电站无须下泄航运基流，但为满足石虎塘水电站坝下游 III 级航道的通航要求，石虎塘水电站须泄放航运基流 205 m³/s。考虑井冈山水电站坝址与石虎塘水电站坝址之间的取用水及区间汇流，井冈山水电站最小日均下泄流量达到 202 m³/s，并需要适当控制水电站的调峰幅度，可以满足石虎塘水电站坝下游的航运要求。因此，井冈山水电站坝下维持河道航运功能所需水量取 202 m³/s。

3）最小下泄流量综合确定

井冈山水电站坝址下游维持水生生态系统稳定所需水量为 106 m³/s，防治河流水污染需水量为 16.2 m³/s，工农业生产及生活用水量为 0.84 m³/s，考虑井冈山水电站坝址与石虎塘水电站坝址之间取用水和区间汇流后，为维持石虎塘水电站下游河道航运功能，井冈山水电站最小日均下泄流量为 202 m³/s，综合分析取其最大值，确定井冈山水电站坝下河段需下泄的生态流量为 202 m³/s。

6. 安徽省安庆市下浒山水库工程

菜子湖流域位于长江下游北岸安徽省安庆市北部，南临长江，北接巢湖流域，西连皖河流域，东与白荡湖流域毗邻；菜子湖流域由大沙河、挂车河、龙眠河、孔城河四条主要支流及菜子湖湖区周边其他水系组成，四河来水经菜子湖湖区调蓄后由长江水道汇入长江。大沙河是菜子湖流域的最大水系，河道长 90.8 km，平均比降 2.4‰，流域面积 1 396 km²，占菜子湖流域面积的 43.2%。大沙河干流流经潜山市、怀宁县、桐城市等县（市），落差 218 m。

下浒山水库位于安徽省潜山市源潭镇，是大沙河干流上的骨干控制性工程，水库坝址位于五井河与大沙河交汇口上游 400 m 处，距源潭镇约 6 km，距潜山市市区 35 km。坝址下游 3.8 km 设有沙河埠水文站。水库控制流域面积 422 km²，工程开发任务以防洪、灌溉、供水为主，兼顾发电。下浒山水库工程属 II 等大（2）型水库工程，水库正常蓄水位为 115 m，死水位为 90 m，防洪限制水位为 108.9 m，设计洪水位为 115.76 m，校核洪水位为 118.42 m，总库容为 2.02 亿 m³，防洪库容为 0.44 亿 m³，调节库容为 1.28 亿 m³。

1）生态需水需求分析

考虑到大沙河没有被赋予航运功能，丰枯水量变化大，天然状态下枯水期水面狭窄等特点，结合下浒山水库坝下至菜子湖河段的特点，以及菜子湖承担的主要任务，下浒山水库下游河段最小下泄流量需考虑以下四个方面的需水量：维持水生生态系统稳定所需水量、维持河流水环境质量的最小稀释净化水量、维持菜子湖生态功能所需的最小水量和工农业生产及生活用水量。最小下泄流量为维持水生生态系统稳定所需水量、维持河流水环境质量的最小稀释净化水量、维持菜子湖生态功能所需的最小水量三方面需水量的最大值与工农业生产及生活用水量之和（杨寅群 等，2015）。

综合考虑计算方法适用性、工程所在地环境状况、资料获取及研究周期等情况，拟分别采用 Tennant 法和生态水力学法计算维持水生生态系统稳定所需水量；采用 7Q10 法和稳态水质模型法计算维持河流水环境质量的最小稀释净化水量；采用最小水位法计算维持菜子湖生态功能所需的最小水量。

2）生态流量计算

采用 Tennant 法和生态水力学法计算得到的维持水生生态系统稳定所需水量分别为 $1.07~\text{m}^3/\text{s}$ 和 $1.08~\text{m}^3/\text{s}$。

采用 7Q10 法和稳态水质模型法计算得到的维持河流水环境质量的最小稀释净化水量分别为 $0.48~\text{m}^3/\text{s}$ 和 $0.97~\text{m}^3/\text{s}$。

采用最小水位法推求菜子湖为维系基本生态功能，下浒山水库需下泄的最小水量。为防止湖泊生态系统退化，在确定湖泊最低生态水位时，将水文统计资料中的多年平均年最低水位作为参考值，综合考虑湖泊上层典型鱼类生存水位、野生鱼类生存和繁殖所需的最低水位，选取不同需求水位的最大值作为最低生态水位。根据菜子湖车富岭水位站 1954～2010 年的逐日水位数据，多年平均最低水位为 8.61 m；上层典型鱼类鲢、鳙生存的水深约为 2 m，相应水位约为 10.0 m；野生鱼类如鲇类、鲤、鲫等生存和繁殖所需的最低水深约为 1.5 m，相应水位为 9.5 m。选取水位最大值 10.0 m 作为菜子湖最低生态水位。菜子湖处于最低生态水位时，为保障菜子湖水量，枞阳闸关闭，此时为维持菜子湖水位在 10.0 m，赌棋墩（大沙河入菜子湖）断面最小流量为 $2.97~\text{m}^3/\text{s}$，各支流入汇流量采用最枯月（1 月）平均流量，区间支流入汇量合计为 $1.92~\text{m}^3/\text{s}$，则下浒山水库最小入河流量需为 $1.05~\text{m}^3/\text{s}$。在此情况下，湖泊能够维持一定的水面面积，湖内鱼类等水生生物能够维持一定的生物量，湖周滩涂面积规模及湖泊中的鱼虾生物量能够满足迁徙至菜子湖的鸟类的觅食需求。

依据坝下游河段用水量分析计算结果，现状及水库蓄水初期坝址下游工农业生产及生活用水量合计为 $0.32~\text{m}^3/\text{s}$。下浒山水库运行期间，坝下水厂及灌区均改从本工程灌区取水，不再从大沙河干流取水。因此，下浒山水库工农业生产及生活用水量为 $0.32~\text{m}^3/\text{s}$。

3）最小下泄流量推荐值

综合以上分析，维持水生生态系统稳定所需水量的推荐值为 $1.08~\text{m}^3/\text{s}$，维持河流水环境质量的最小稀释净化水量的推荐值为 $0.97~\text{m}^3/\text{s}$，维持菜子湖生态功能所需水量的推荐值为 $1.05~\text{m}^3/\text{s}$，工农业生产及生活用水量的推荐值为 $0.32~\text{m}^3/\text{s}$，下浒山水库坝址最小下泄流量为 $1.40~\text{m}^3/\text{s}$。由于坝址下游 400 m 处有五井河汇入，坝址至五井河河段无工农业生产及生活用水量需求，五井河 4～6 月的多年平均流量为 0.67 m³/s，当坝址处以 1.08 m³/s 的流量下泄时，在到达五井河断面时，大沙河流量将达到 1.75 m³/s，且随着下游彭年河、鲁坦河、三湾河和育儿河等支流的汇入，生态流量满足程度随河流延伸逐渐趋好。因此，坝址处工程建设和运行期下泄的生态流量不低于 1.08 m³/s 即可满足下游生态需水要求，最终推荐本工程建设和运行期下泄的生态流量不低于 1.08 m³/s。

参 考 文 献

陈明千, 脱友才, 李嘉, 等, 2013. 鱼类产卵场水力生境指标体系初步研究[J]. 水利学报, 44(11): 1303-1308.

葛金金, 张汶海, 彭文启, 等, 2020. 我国生态流量保障关键问题与挑战[C]//中国水利学会. 中国水利学会 2020 学术年会论文集第一分册. 北京: 中国水利水电出版社: 37-45.

何川, 2021. 生态流量浅论[C]//中国环境科学学会. 中国环境科学学会 2021 年科学技术年会论文集(二). 天津: 中国学术期刊(光盘版)电子杂志社有限公司: 52-58.

侯俊, 张越, 敖燕辉, 等, 2023. 下游河道对流量变化响应法的研究理论及进展[J]. 人民珠江, 44(01): 1-11.

林育青, 陈求稳, 2020. 生态流量保障相关问题研究[J]. 中国水利(15): 26-28, 19.

刘慧, 2010. 三峡地区新石器时代渔业考古研究[D]. 重庆: 重庆师范大学.

苗森, 2019. 三峡工程对下游四大家鱼生境适宜性影响评价研究[D]. 郑州: 华北水利水电大学.

欧传奇, 2020. 水电站生态流量核定要求与若干特例的探讨[J]. 中国农村水利水电(12): 189-192.

钱湛, 宋平, 郑颖, 2018. 湖南重要河湖生态基流及敏感生态需水现状评价[J]. 人民长江, 49(15): 46-49.

苏振娟, 王英, 2023. 甘肃省白龙江引水工程水利生态补偿机制探讨[J]. 人民黄河, 45(3): 85-89, 96.

王玉蓉, 谭燕平, 2010. 裂腹鱼自然生境水力学特征的初步分析[J]. 四川水利, 31(6): 55-59.

汪志荣, 张晓晓, 田彦杰, 2012. 流域生态需水研究体系和计算方法[J]. 湖北农业科学, 51(15): 3204-3211.

吴江, 1984. 清江的鱼类区系与鄂西南地区自然环境的某些特点[J]. 四川动物(2): 21-27.

闫耕泉, 李庆庆, 2014. 北方平原区河道生态需水量计算初探[J]. 地下水, 36(3): 56, 62.

杨会团, 任鑫, 2017. 陇南市白龙江流域渔业资源调查报告[J]. 甘肃畜牧兽医, 47(8): 125-126.

杨建红, 刘建泉, 2006. 甘肃境内国家重点保护鸟类、鱼类、两栖类的分布规律[J]. 安全与环境学报(1): 69-71.

杨寅群, 柳雅纯, 赵琰鑫, 等, 2015. 安徽省某大型综合利用水库生态基流研究[J]. 人民长江, 46(9): 63-67.

姚福海, 魏永新, 2022. 水电站运行期最小生态流量管理探讨[C]//中国大坝工程学会. 水库大坝和水电站建设与运行管理新进展. 北京: 中国水利水电出版社: 17-21.

易雨君, 程曦, 周静, 2013. 栖息地适宜度评价方法研究进展[J]. 生态环境学报, 22(5): 887-893.

英朵草, 2016. 甘南州"一江三河"水域特有鱼类资源调查[J]. 甘肃农业(18): 48-49.

张代青, 2007. 河流正常流量的确定方法研究[D]. 郑州: 郑州大学.

张彦文, 2013. 白龙江流域引水式电站的环境风险评估及减水河段生态系统恢复研究[D]. 兰州: 西北师范大学.

朱党生, 张建永, 李扬, 等, 2011. 水生态保护与修复规划关键技术[J]. 水资源保护, 27(5): 59-64.

ARMENTROUT G W, WILSON J F, 1987. An assessment of low flows in streams in northeastern Wyoming[J]. USGS water resources investigation report, 4(5): 533-538.

ARTHINGTON A H, KING J M, O'KEEFFE J H, et al., 1992. Development of an holistic approach for assessing environmental flow requirements for riverine ecosy[C]//Procceding of an international seminar and workshop on water allocation for the environment. Armidale: Center for Water Policy Research, UNF: 69-76.

ARTHINGTON A H, RALL J L, KENNARD M J, et al., 2003. Environmental flow requirements of fish in Lesotho Rivers using the DRIFT methodology[J]. River research and applications, 19: 641-666.

BLOESCH J, SCHNEIDE M, ORTLEPP J, 2005. An application of physical habitat modelling to quantify ecological flow for the Rheinau Hydropower Plant, River Rhine[J]. River systems, 16: 305-328.

BOOKER D J, DUNBAR M J, 2004. Application of physical habitat simulation (PHABSIM) modelling to modified urban river channels[J]. River research and applications, 20: 167-183.

CAISSIE D, JABI N E, BOURGEOIS G, 1998. Instream flow evaluation by hydrologically-based and habitat preference (hydrobiological) techniques[J]. Environmental science, 3(11): 347-363.

DUNBAR A M J, GUSTARD A, ACREMAN M C, et al., 1998. Overseas approaches to setting river flow objective[R]. Swindon: Environment Agency.

GIPPEL C J, STEWARDSON M J, 1998. Use of wetted perimeter in defining minimum environmental flows[J]. Regulated rivers, 14(1): 53-67.

JEHNG-JUNG K, BAU S, 1996. Risk analysis for flow duration curve based seasonal discharge management programs[J]. Water research, 30(6): 1369-1376.

KING J M, 2016. Environmental flows: building block methodology[M]. Dordrecht: Springer.

LEE J, JEONG S, LEE M, et al., 2006. Estimation of instream flow for fish habitat using instream flow incremental methodology (IFIM) for major tributaries in han river basin[J]. Journal of the Korean Society of Civil Engineers, 26(2B): 153-160.

MATHEWS R J, BAO Y, 1991. The Texas method of preliminary instream flow assessment[J]. Rivers, 2(4): 295-310.

MOSLEY M P, 1982. The effect of changing discharge on channel morphology and instream uses and in a braide river, Ohau River, New Zealand[J]. Water resources research, 18(4): 800-812.

THEILING C H, NESTLER J M, 2010. River stage response to alteration of Upper Mississippi River channels, floodplains, and watersheds[J]. Hydrobiologia, 640(1): 17-47.

PALAU A, ALCÁZAR J, 2012. The basic flow: An alternative approach to calculate minimum environmental instream flows[J]. River research and applications, 28: 93-102.

PASTERNACK G B, WANG C L, MERZ J E, 2004. Application of a 2D hydrodynamic model to design of reach-scale spawning gravel replenishment on the Mokelumne River, California[J]. River research and applications, 20: 205-225.

PETTS G E, 1996. Water allocation to protect river ecosystems[J]. Regulated rivers: Research & management, 12(4/5): 353-365.

POFF N L, RICHTER B D, ARTHINGTON A H, 2010. The ecological limits of hydrologic alteration (ELOHA): A new framework for developing regional environmental flow standards[J]. Freshwater biology, 55: 147-170.

SPENCE R, HICKLEY P, 2000. The use of PHABSIM in the management of water resources and fisheries in England and Wales[J]. Ecological engineering, 16(1): 153-158.

STATZNER B, MÜLLE R, 1989. Standard hemispheres as indicators of flow characteristics in lotic benthos research[J]. Freshwater biology, 21: 445-459.

TENNANT D L, 1976. Instream flow regimens for fish, wildlife, recreation and related environmental resources[J]. Fisheries, 1(4): 6-10.

第6章
生态流量远程监控关键技术

6.1 减水河段遥感影像识别

传统的水资源调查和动态监测技术对生态流量实施监控的方式以工程在线监控和依托水文站网为主，目前监控系统的覆盖范围较小、监控力度较弱。随着资源系列和高分系列等国产高分辨率卫星的快速发展，应用高分辨率遥感影像对生态流量实施监控逐渐成为可能。本书采用的遥感影像主要来自资源三号卫星和高分一号卫星。其中，资源三号卫星于2012年1月发射，是我国首颗民用高分辨率立体测绘卫星，轨道类型为太阳同步回归轨道，搭载了2.1 m分辨率全色/5.8 m分辨率多光谱相机，可用于长期、连续、稳定、快速地获取覆盖全国的高分辨率立体影像和多光谱影像。高分一号卫星于2013年4月发射，轨道类型为太阳同步回归轨道，搭载了两台2 m分辨率全色/8 m分辨率多光谱相机、四台16 m分辨率多光谱相机，具有高空间分辨率、多光谱与高时间分辨率、大宽幅的特点，极大地推动了我国卫星工程水平的提升，满足了我国对大气环境、水环境和生态环境遥感监测的需求。

减水河段遥感影像识别主要基于遥感影像对河道内流量情况进行定性分析，根据长江流域测区各分幅图，结合长江流域水系图和梯级分布，找出长江干流、各级支流上的减水河段（特别关注水电站及水库下游的河道流量情况）。其可以作为河道生态流量调查的辅助参考手段。本章重点对岷江流域、嘉陵江流域、沅江流域、汉江流域、清江流域、香溪河流域的河道减水情况进行了梳理。

6.1.1 岷江流域减水河段识别

根据岷江流域的遥感影像识别结果，岷江流域部分支流河段存在减水现象，主要集中在岷江上游、大渡河和青衣江。岷江干流部分河段存在减水现象，减水河段主要分布在上游至紫坪铺水电站的闸厂区河段。天龙湖水电站至映秀湾水电站河段总长146.97 km，其中减水河段的长度为98.65 km，共9段，占该河段长度的67.1%。其减水河段位置及卫星影像见图6.1。紫坪铺水电站以下已建成的水电站均为河床式水电站，未出现非常明显的减水现象。

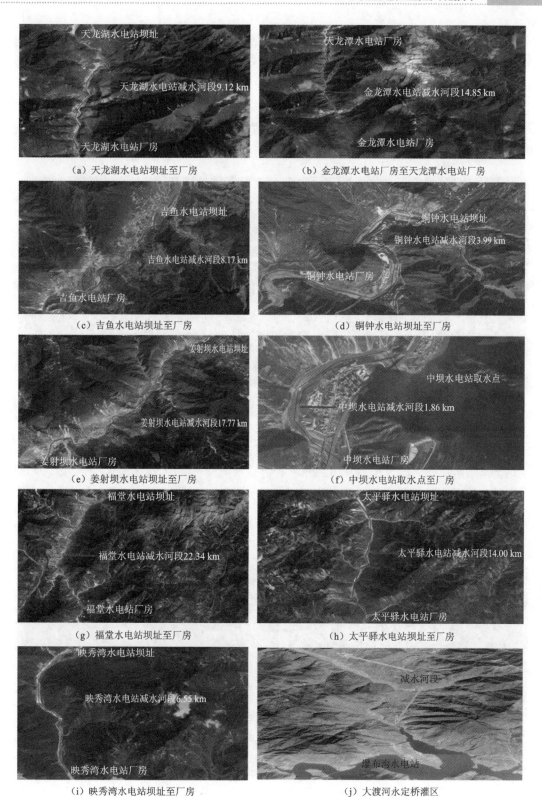

（a）天龙湖水电站坝址至厂房

（b）金龙潭水电站厂房至天龙潭水电站厂房

（c）吉鱼水电站坝址至厂房

（d）铜钟水电站坝址至厂房

（e）姜射坝水电站坝址至厂房

（f）中坝水电站取水点至厂房

（g）福堂水电站坝址至厂房

（h）太平驿水电站坝址至厂房

（i）映秀湾水电站坝址至厂房

（j）大渡河永定桥灌区

图6.1 岷江上游和大渡河减水河段影像图

大渡河上游至泸定河段、岷江上游至都江堰河段断流较少，减水河段主要分布在大渡河中游泸定至福录镇河段。大渡河永定桥灌区存在一段较长的减水河段，减水河段的长度大约为 35.7 km，其减水河段位置及卫星影像见图 6.1。

根据青衣江流域的遥感影像识别结果，青衣江干流河段存在减水现象，减水河段位置及卫星影像见图 6.2。青衣江支流荥经河存在一段较长的减水河段，减水河段的长度约为 16.2 km，青衣江支流周公河瓦屋山水电站下游也存在一段明显的减水河段。

（a）荥经河

（b）瓦屋山水电站下游

图 6.2　青衣江干流减水河段识别

青衣江减水河段主要分布在飞仙关镇以上的引水式水电站闸厂区河段上，从硗碛水电站至铜头水电站河段总长为 91.12 km，其中减水河段长度为 78.07 km，共 7 段，其减水河段位置及卫星影像见图 6.3。飞仙关镇以下已建水电站均为河床式水电站，只有百花滩水电站较为特殊（为河床式长尾水渠水电站）。百花滩水电站存在 13.82 km 的减水河段，其余河床式水电站不存在明显的减水河段。

（a）硗碛水电站坝址至厂房

（b）民治水电站坝址至厂房

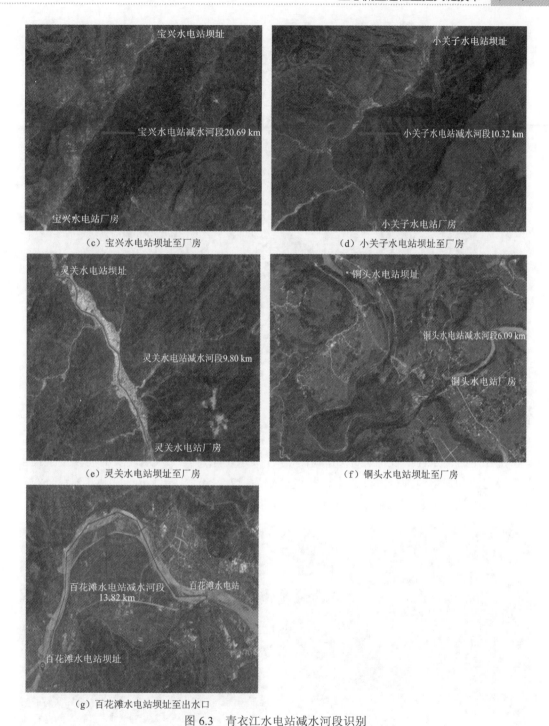

（c）宝兴水电站坝址至厂房　　　　　　（d）小关子水电站坝址至厂房

（e）灵关水电站坝址至厂房　　　　　　（f）铜头水电站坝址至厂房

（g）百花滩水电站坝址至出水口

图6.3　青衣江水电站减水河段识别

6.1.2　嘉陵江流域减水河段识别

嘉陵江流域支流火溪河存在一处明显的减水河段，其上游有水牛家水电站。嘉陵江火溪河减水河段影像见图 6.4。

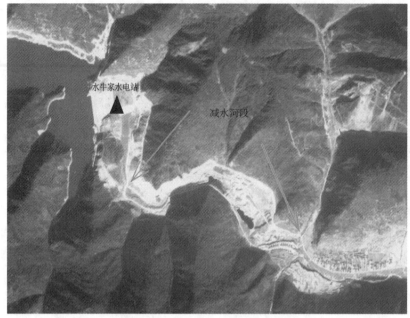

图 6.4　火溪河减水河段影像图

6.1.3　沅江流域减水河段识别

　　沅江上游清水江、支流酉水和潕阳河存在减水现象，其中减水较长的河段位于酉水龙山段支流和潕阳河施秉段支流上，长度分别为 17.5 km、19.6 km，其附近分别分布有落水洞水电站和诸葛洞水电站。酉水和潕阳河减水河段影像见图 6.5。

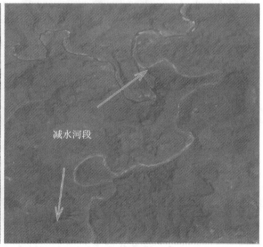

（a）沅江支流酉水　　　　　　　　　　（b）沅江支流潕阳河

图 6.5　沅江减水河段影像图

6.1.4　清江流域减水河段识别

清江干流引水式水电站主要分布在恩施土家族苗族自治州境内，除红庙水电站已经关闭外，还有 5 座引水式水电站，分别为三渡峡水电站、雪照河水电站、大河碥水电站、天楼地枕水电站、龙王塘水电站。根据 2016 年 11 月～2017 年 2 月和 2017 年 11 月～2018 年 2 月遥感影像识别结果，清江上游有一段减水河段，分布在大河碥水电站，长约 1.37 km，具体影像见图 6.6。

图 6.6　清江干流减水河段影像图（2017 年 12 月 9 日）

6.1.5　汉江流域减水河段识别

堵河干流引水式水电站主要分布在汉江上游，堵河干流鄂坪水电站至白果坪水电站河段长约 32.4 km，其间从上游至下游分别建有汇湾河水电站、杨家河水电站和周家垭水电站三座引水式水电站。根据堵河流域的遥感影像识别结果，堵河干流减水河段主要位于汇湾河水电站坝址至杨家河水电站厂房河段，长约 20.4 km。减水河段影像见图 6.7。

湖北省境内唐白河无梯级开发，水资源开发利用主要是沿岸农业灌溉及工业、生活取用水。根据 2017 年 11 月遥感影像识别结果，唐白河支流唐河在流经襄阳市襄州区程河镇的崔家营至崔庄河段时，出现了一段减水河段，长约 1.6 km。经查实，该河段上游分布有寇集泵站取水口和马套泵站取水口，河段中游分布有崔营泵站取水口，附近分布有崔营泵站灌区（具体见图 6.7），从分析结果看，取水口和灌区用水对河道水量产生了一定的影响。

（a）汇湾河（2017年1月21日）

（b）汇湾河（2017年11月7日）

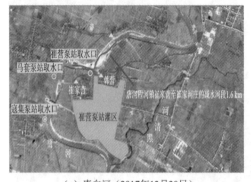
（c）唐白河（2017年12月20日）

图 6.7 汉江流域减水河段影像图

6.1.6 香溪河流域减水河段识别

香溪河流域引水式水电站绝大多数分布于上游山区河段，山区河道较窄，且大部分为砂砾石河床，遥感影像的精度暂时无法清晰分辨大部分河段的河道内流量情况。根据可识别河道的情况，香溪河干流存在两段减水河段，分别为古洞口水电站下游和胡家湾水电站下游。古洞口水电站为坝式开发水电站，但其坝下至发电尾水口间存在 1 km 的减水河段。胡家湾水电站下游存在约 1.6 km 的减水河段，见图 6.8。

（a）香溪河古洞口水电站（2018年1月20日）

（b）香溪河古洞口水电站（2017年2月5日）

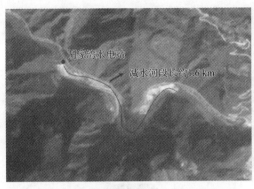

（c）香溪河胡家湾水电站（2018年1月20日）　　　　（d）香溪河胡家湾水电站（2017年2月5日）

图 6.8　香溪河减水河段影像图

6.2　长江流域生态流量远程监控技术

针对当前生态流量监督管理设施不足、信息化程度低等问题，本书面向"低能耗、远距离、高频次、速感知"的生态流量监督管理需求，基于多源感知技术构建了集成"低碳监控、远程传输、稳定存储、智能预警"功能的生态流量监督管理服务平台，为生态流量监督管理与突发事件应急响应提供了数据与技术支持。

生态流量监督管理服务平台应用物联网、云计算、大数据等多源感知信息技术，通过微功耗智能测控终端远程监测江河流域的生态流量、生态环境等情况，实时了解区域水文情况，实现长江流域生态流量全方位的数据感知、高性能的计算分析、全过程的应用服务和多形式的可视化展现，为主管部门科学决策提供技术支撑。生态流量监督管理服务平台采用太阳能供电结合电池供电的方式来实现每天的定时抓拍及液位监测，可以对生态流量进行实时、远程监督管理，为水行政主管部门提供支撑，生态流量监督管理服务平台的结构如图 6.9 所示，包括监测传感层、无线通信层、应用管理层。

6.2.1　监测传感层

监测传感层采用物联网观测技术对水电站或河流断面的液位、流量等进行长期监测并自动传输监测数据，实现监测监控全覆盖。常用的设备有超低功耗无线雷达液位计、超低功耗无线摄像机等。这些设备具有高可靠性，能够避免其他异物干扰。设备本身具备 IP68 的防护等级，在野外恶劣的环境下也能稳定工作。监测传感层可以为平台提供全面、可靠的生态流量数据（图像）等信息，是生态流量监督管理服务平台的基础。

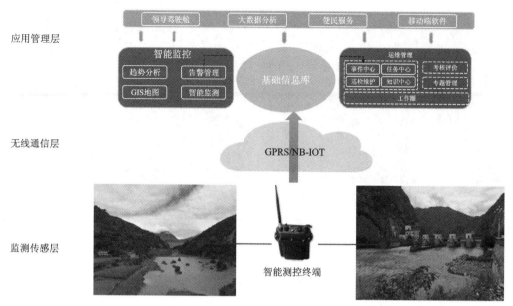

图 6.9　生态流量监督管理服务平台

GPRS 为通用分组无线业务；NB-IOT 为窄带物联网

6.2.2　无线通信层

无线通信层起到一个通信的中间件作用，同时可以对采集到的数据进行预处理。无线通信层采用 GPRS/NB-IOT 与数据采集终端通信，实时进行多类型终端协议适配、传感器数据解析，并进行切片、去重、累加、差分、标定等必要的数据预处理。同时，针对生态流量监测数据分散、集成共享不足、数据综合运用水平较低且深度分析能力薄弱等问题，在通信传输过程中提升数据的保密性和安全性，同时通过云计算技术将数据存储中心和算法模型库集成耦合化，实现生态流量高性能的计算分析，并提供数据的备份与完整性保障机制。

云平台是生态流量监督管理服务平台高效运行的关键，主要包括数据存储中心和算法模型库两个关键技术。数据存储中心利用云计算技术实现生态流量数据的存储管理与更新。从控制断面到河湖流域的不同维度，从地方部门到流域机构的不同视角，在全流域内建设一体化的数据存储中心，推进资源信息整合，实现流域和区域间、行业和政府间、水利部门和环保部门间的数据共享，从而形成一套从上至下、一体化、全覆盖的管理体系。算法模型库提供大量的处理算法和数学模型，用于生态流量的计算分析。在生态流量的管理服务过程中，将生态流量管控目标的确定算法、生态流量保障程度的评估算法、生态流量预警模型及生态流量调度模型集成化，形成一个能够动态加载用户自定义算法的模型库。

6.2.3 应用管理层

应用管理层是基于云平台构建的 Web 管理平台，可以实现监测设备运行工况的远程可视化监控、监测数据在一段时间内的对比分析及生态流量异常情况，如减水的自动预警功能，同时具有数据接入、保存、上传、导出及自动生成流量曲线和报表的功能，还具备数字图像处理、人工智能技术自动识别和预警等功能。应用管理层是生态流量远程在线监督管理技术平台的核心部分，在云平台上从生态流量管控目标的确定、生态流量保障程度的评估、生态流量预警体系的构建和生态流量的调度调控四个方面实现生态流量全过程的管理。同时，其以大屏显示系统、个人计算机和移动终端等多种形式为用户提供浏览与互操作，直观、清晰地反映出了长江流域的生态流量状况。

整个生态流量远程在线监督管理技术平台集成"低碳监控、远程传输、稳定存储、智能预警"功能，具有以下优点：①数据全面性。能全面监测到江河流域内的液位、流量及现场情况等数据。②数据实时性。设备能根据预设周期定时采集所监测的数据，保证每天的数据量，能更准确地分析江河流域内液位、流量的变化情况。③稳定性高。设备防护等级高，在高温、高湿的条件下也能正常工作。④安装简便。设备安装简单，无须专业技术人员，施工单位通过简单的图纸就能自行安装；同时，设备自带监测软件平台，装好即可开始监测，施工人员通过移动端的数据分析就能查看当前设备摄像头及水位计、流量计的安装位置是否合理。同时，设备采用太阳能供电，后期基本能做到免维护。

6.3 生态流量监测预警响应技术

生态流量预警体系的构建是生态流量监督管理的核心和关键。综合水资源、水环境预警体系的研究现状（王业耀 等，2019；姚章民 等，2009），长江流域生态流量预警体系的构建包括：①选取重点区域。筛选生态环境敏感、生态功能重要、生态流量保障程度偏低的区域，对这些区域进行重点防控。②确定预警指标。预警指标要能反映生态流量的状态变化，有效提高预警效率。③划分预警等级。合理划分预警等级，并设置各级别的上下限值，即可浮动的阈值范围。④建立预警模型。从生态流量在区域或流域尺度上的变化机制，研究生态流量预警模型的建立。

根据《河湖生态流量监测预警技术指南（试行）》，生态流量预警等级的确定，要充分考虑河湖生态保护对象用水需求特征、管理需求、水文特征和监测实施条件等因素，一般可为 2～3 级。当预警等级为 2 级时，原则上按生态基流目标值的 120%～100% 和小于 100% 设置蓝色和红色预警；基本生态水量目标值序时累积水量的 100%～80% 和小于 80% 设置蓝色和红色预警。当预警等级为 3 级时，原则上按生态基流目标要求值的 120%～110%、110%～100% 和小于 100% 设置蓝色、黄色和红色预警；基本生态水量目标值序时累积水量的 100%～90%、90%～80%和小于 80%设置蓝色、黄色和红色预警。断面监测流量达到蓝色预警阈值时，测站应密切关注水情变化，做好各监测要素加测加报的准备。断面监测流量达到黄色预警阈值时，未实现流量在线监测的断面应适当增加监测频次，确保监测要素特征值推算精度；已实现流量在线监测的断面应适时增加 1 次人工校核，确保监测成果的准确性和合理性。断面监测流量达到红色预警阈值时，应根据保护对象和目标的不同，进一步增加监测频次，必要时可增设临时监测断面。有保护目标的区域宜适时增加水生生物及水生生境的监测。

合理设置生态流量预警级别及其对应阈值，建立生态流量预警模型，并及时发布预警信息，形成生态流量预警体系，可以从事后监管转变为事前预警，有效提升生态流量的实时预警能力。当突发事件引发预警提醒时，重点围绕疑似断面或流域进行核查，快速调查监测数据，提供生态流量异常溯源功能，以便后续进行生态流量调度响应。

6.4　生态流量监督管理服务平台

岷江上游多为引水式梯级开发，引水式水电站截流发电导致河道减水，水生生境破碎化，尤其是在平、枯水季节，河道减水问题突出，破坏了河流湿地生态系统和生物多样性。岷江都江堰下游的金马河是成都平原的主要河流，干流平、枯水期从都江堰鱼嘴大部分或全部引走上游来水至都江堰灌区，用于农业灌溉。同时，随着城市工业发展、人口增长、生产和生活用水量的增加，仅成都市岷江自来水厂的规模就达到 27 万 m^3/d，极易造成金马河河道减水，给沿岸人畜饮水带来较大的不便，也严重影响了环境用水量。河滩地裸露，无法为植被提供生长环境、为鱼类提供栖息场所，造成该水域生态景观破碎，枯水期有河无水、有堤无绿。白龙江干流上已（在）建梯级共有 36 级，其中，引水式水电站有 28 级，坝后式水电站有 8 级。干流全长 487.3 km，大约每 13.5 km 有 1 座水电站，水资源开发利用严重透支，并且绝大多数为引水式水电站，容易造成河流断流，同时这些干涸河道附近地区的生态环境持续恶化，尤其是干流的舟曲河段附近为地质灾害频发区，洪水泛滥、山体滑坡等灾害难免会发生。

综合考虑，在岷江干流的金马河、岷江上游的映秀湾水电站坝下、岷江支流青衣江的硗碛水电站坝下，以及嘉陵江支流白龙江的代古寺水电站坝下、锁儿头水电站坝下分别安装了生态流量监督管理服务平台，可以掌握生态流量保障情况，对其进行监督管理。

6.4.1　岷江流域生态流量在线监督管理

2019 年 7 月，在岷江干流金马河布设了生态流量下泄情况远程在线监控管理系统，采用超低功耗无线雷达液位计和超低功耗无线摄像机装置对河道的液位数据与图像数据进行了抓取，以实时掌握生态流量的保障情况。金马河生态流量监控设备及河道内水量情况的图像见图 6.10。

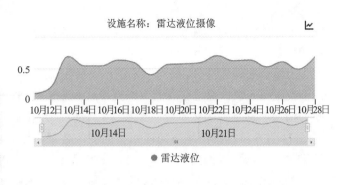

（a）金马河生态流量监控设备正常运行图　　　　（b）金马河液位的面积平滑图（10月11~29日）

（c）12月10日金马河水量情况的图像　　　　　　（d）10月11日金马河水量情况的图像

（e）9月24日金马河水量情况的图像　　　　　　（f）8月10日金马河水量情况的图像

图 6.10　金马河河道内水量情况

　　通过获取的生态流量远程监控数据，对 2019 年 10 月 11～29 日金马河的液位和水量情况进行分析。从图 6.10 可以看出，金马河的水位一直处于动态变化中，其中 10 月 11日对应的液位最低，10 月 22 日对应的液位最高。液位的面积平滑图在一定程度上反映了河道内生态流量的变化情况。同时，结合河道水量的图像数据，对 2019 年 8 月 10 日～12 月 10 日金马河的生态流量情况进行分析，判断河段是否出现减水情况。通过 8 月10 日抓拍的金马河水量的图像数据可以看出，该河段出现了一定程度的减水；而 9 月24 日，由于成都市出现降雨，金马河的水量较丰富，河道内的生态流量较大；10 月11 日，金马河的水量最小；12 月 10 日，河段内同样存在一定程度的减水现象。通过图像数据对比可以看出，金马河的水量变化较大，在一定时间内存在减水情况，而且是不定期反复的。

  2019 年 10 月，在岷江上游的映秀湾水电站坝下布设了生态流量下泄情况远程在线监控管理系统，采用超低功耗无线摄像机装置对河道的图像数据进行了抓取，以实时掌握生态流量的保障情况。映秀湾水电站下泄生态流量监控设备的正常运行图及生态流量下泄情况见图 6.11。通过获取的生态流量远程监控数据，对 2019 年 11 月 6 日～12 月 10 日映秀湾水电站下泄的生态流量情况进行分析，判断水电站坝下河段是否出现减水情况。通过 11 月 6 日抓拍的坝下河段水量的图像数据可以看出，该河段下泄的生态流量较大，河道生态流量可以得到保障；从 11 月 23 日起至今，可以看出，坝下河段逐渐出现一定程度的减水现象。两者对比可以看出，映秀湾水电站坝下河段的水量变化较大，在一定时间内坝下河段存在减水情况。

（a）映秀湾水电站下泄生态流量监控设备的正常运行图 （b）12月10日映秀湾水电站下泄生态流量情况的图像

（c）11月23日映秀湾水电站下泄生态流量情况的图像 （d）11月6日映秀湾水电站下泄生态流量情况的图像

图 6.11 映秀湾水电站下泄生态流量情况的图像

6.4.2 青衣江流域生态流量在线监督管理

  2019 年 10 月，在青衣江干流上游的硗碛水电站坝下布设了生态流量下泄情况远程在线监控管理系统，采用超低功耗无线摄像机装置对河道的图像数据进行了抓取，以实时掌握生态流量的保障情况。硗碛水电站下泄生态流量监控设备的正常运行图及生态流量下泄情况见图 6.12。通过获取的生态流量远程监控数据，对 2019 年 11 月 7 日～12 月 10 日硗碛水电站下泄的生态流量情况进行分析，判断水电站坝下河段是否出现减水情况。对比 11 月 7 日抓拍的坝下河段水量的图像数据与 9 月 18 日现场拍摄的照片可以看出，从 9 月 18 日起至今，坝下河段在一定距离内出现了减水现象。两者对比可以看出，硗碛水电站坝下河段的水量变化较大，在一定时间内坝下河段存在减水情况。

（a）硗碛水电站下泄生态流量监控设备的正常运行图　　　（b）12月10日硗碛水电站下泄生态流量情况的图像

（c）11月7日硗碛水电站下泄生态流量情况的图像　　　（d）9月18日硗碛水电站下泄生态流量情况的图像

图 6.12　硗碛水电站下泄生态流量情况的图像

6.4.3　白龙江流域生态流量在线监督管理

2019 年 10 月，在白龙江新建的代古寺水电站坝下布设了生态流量下泄情况远程在线监控管理系统，采用超低功耗无线摄像机装置对河道的图像数据进行了抓取，以实时掌握生态流量的保障情况。新建的代古寺水电站下泄生态流量监控设备的正常运行图及生态流量下泄情况见图 6.13。通过获取的生态流量远程监控数据，对 2019 年 11 月 8 日～12 月 10 日新建的代古寺水电站下泄的生态流量情况进行分析，判断水电站坝下河段是否出现减水情况。对比 11 月 8 日抓拍的坝下河段水量的图像数据与 9 月 17 日现场拍摄的照片可以看出，从 11 月 8 日起至今，新建的代古寺水电站坝下河段的水量变化较大，坝下河段逐渐出现一定程度的减水现象。

2019 年 10 月，在白龙江干流舟曲河段的锁儿头水电站坝下布设了生态流量下泄情况远程在线监控管理系统，采用超低功耗无线摄像机装置对河道的图像数据进行了抓取，以实时掌握生态流量的保障情况。锁儿头水电站下泄生态流量监控设备的正常运行图及生态流量下泄情况见图 6.14。通过获取的生态流量远程监控数据，对 2019 年 11 月 6 日～12 月 10 日锁儿头水电站下泄的生态流量情况进行分析，判断水电站坝下河段是否出现减水情况。通过 11 月 17 日抓拍的坝下河段水量的图像数据可以看出，该河段下泄的生

（a）新建的代古寺水电站下泄生态流量监控设备的正常运行图　（b）12月10日新建的代古寺水电站下泄生态流量情况的图像

（c）11月8日新建的代古寺水电站下泄生态流量情况的图像　（d）9月17日新建的代古寺水电站下泄生态流量情况的图像

图 6.13　新建的代古寺水电站下泄生态流量情况的图像

态流量较大，河道生态流量可以得到保障；从 11 月 20 日起至今，可以看出，坝下河段逐渐出现一定程度的减水现象。两者对比可以看出，锁儿头水电站坝下河段的水量变化较大，在一定时间内坝下河段存在减水情况。

（a）锁儿头水电站下泄生态流量监控设备的正常运行图　　（b）12月10日锁儿头水电站下泄生态流量情况的图像

（c）11月20日锁儿头水电站下泄生态流量情况的图像　　（d）11月17日锁儿头水电站下泄生态流量情况的图像

图 6.14　锁儿头水电站下泄生态流量情况的图像

参 考 文 献

姚章民, 张建云, 贺瑞敏, 2009. 珠江水资源预警体系的建立及应用研究[J]. 水文, 29(3): 46-49.

王业耀, 姜明岑, 李茜, 等, 2019. 流域水质预警体系研究与应用进展[J]. 环境科学研究, 32(7): 1126-1133.